RECHERCHES .

SUR LA NATURE, LES CAUSES ET LE TRAITEMENT

DE LA

PHTHISIE PULMONAIRE.

IMPRIMERIE DE J. JACQUIN, A BESANÇON.

RECHERCHES

SUR

LA NATURE, LES CAUSES ET LE TRAITEMENT

DE LA

PHTHISIE PULMONAIRE.

PAR LE Dr ALEX. MAYER,

SECRÉTAIRE DE LA SOCIÉTÉ DE MÉDECINE DE BESANÇON.

Medicamentorum varietas, ignorantiæ filia est.

BACON.

PARIS,

CHEZ J.-B. BAILLIÈRE, LIBRAIRE,

Rue de l'École de Médecine, 17.

1846.

AVANT-PROPOS.

Le Mémoire qu'on va lire a été écrit pour un concours institué par M. le Ministre de la guerre. La question proposée était ainsi conçue :

« *Rechercher les causes du fréquent développement de la phthisie pulmonaire parmi les soldats, et les moyens de prévenir ou de traiter plus efficacement cette maladie.* »

Tout d'abord il m'a paru voir dans l'énoncé du problème le plan que devaient suivre les concurrents pour en exposer la solution, et j'ai compris qu'en n'appelant leur attention que sur l'étiologie, la prophylaxie et la thérapeutique, on avait eu pour but de restreindre le sujet à son point de vue le plus *pratique*. On conviendra d'ailleurs qu'il eût été bien difficile de présenter, dans un travail presque improvisé, un traité quelque peu complet sur une affection qui, dès les premiers âges de la science, a exercé les esprits les plus éminents dont s'honore la médecine.

D'un autre côté, il m'a semblé non moins évident que, pour répondre à l'appel adressé aux médecins militaires, il ne fallait pas se borner à *exposer* seulement et sans discussion la réponse à la question proposée. J'ai pensé qu'il était nécessaire, avant de conclure, de se livrer à la *recherche* et à l'appréciation des autorités ou des raisonnements dont on pourrait étayer ses opinions.

En un mot, je me suis cru obligé de justifier mes idées en quelque sorte avant de les énoncer, et d'entrer en conséquence dans des développements théoriques, que je me suis toutefois efforcé d'abréger, en me renfermant autant que je l'ai pu dans les limites du programme qui m'était imposé.

Pourtant, je dois dire que c'est à ces courtes considérations de pathologie générale que j'attribue le peu d'intérêt que pourra offrir cet opuscule, car lorsqu'il s'agit d'une maladie de la nature de celle qui en fait le sujet, et pour laquelle l'art a si peu fait jusqu'à présent, on ne peut espérer quelque chose de l'avenir qu'en abandonnant les sentiers battus et en essayant d'entrer dans des voies nouvelles. En effet, ce n'est que depuis qu'on a étudié la phthisie tuberculeuse comme une lésion *totius substantiæ*, et qu'on a cherché à s'éclairer sur les conditions de l'économie au milieu desquelles elle se manifeste, ce n'est que depuis lors que quelques tentatives fructueuses se sont produites en faveur des malheureux dont auparavant la thérapeutique ne faisait que hâter la fin.

Ces quelques pages n'ont du reste pas été écrites en vue du concours dont j'ai parlé. Elles faisaient partie d'un autre travail dont je m'occupais à cette époque, et qui paraîtra bientôt sous le titre de TRAITÉ DES CACHEXIES *selon les doctrines hippocratiques*. J'ai vu l'occasion de faire servir ces généralités sur la tuberculisation pulmonaire, et je n'ai eu qu'à en déduire les conséquences les plus immédiates, pour être aussitôt en mesure de répondre aux différentes parties de la question proposée.

J'aurais voulu pouvoir établir par des données statistiques l'efficacité relative des causes mentionnées dans ce Mémoire comme concourant à la production de la phthisie pulmonaire. Autant que qui que ce soit, je reconnais l'autorité des chiffres, *dans des cas déterminés et dans certaines limites*; ce qui ne m'empêche pas de protester contre l'importance exagérée que leur attribue de nos jours une école rétrograde et sceptique, qui ravale l'observation médicale aux proportions infimes d'une opération d'arithmétique, où les unités se comptent et ne se pèsent point.

Mais où est le praticien qui pourrait recueillir une quantité de faits assez considérable pour établir rigoureusement, et comme l'entendent les statisticiens, l'étiologie d'une affection de la nature de celle dont il s'agit ici, où l'effet n'est pas directement lié à la cause? Ce n'est pas à un seul observateur qu'une pareille tâche peut être dévolue ; ce ne serait certes pas trop que les médecins de tout un pays s'associassent pour l'exécution d'une telle œuvre.

Or, il y avait une autre voie à suivre et je l'ai préférée. C'était de rechercher d'abord l'essence de la phthisie dans les lésions des solides et du fluide nourricier, et, une fois cette notion synthétique acquise, de redescendre par l'analyse à la détermination des conditions de la vie propres à amener cette modification pathologique dans l'organisme.

RECHERCHES

SUR LA NATURE, LES CAUSES ET LE TRAITEMENT

DE LA PHTHISIE PULMONAIRE.

PREMIÈRE PARTIE.

Des causes du fréquent développement de la phthisie pulmonaire parmi les soldats.

Chaque profession a ses maladies spéciales ; ce qui revient à dire que, selon les influences diverses auxquelles l'homme est habituellement soumis par l'état qu'il exerce, il est plutôt exposé à telle maladie qu'à telle autre.

Bien plus, il est certains métiers qui ont le funeste privilége de déterminer presque infailliblement la même affection. C'est ainsi que le soldat, en raison des conditions particulières au milieu desquelles il vit constamment, comme aussi par de nombreuses considérations qui lui sont exclusivement applicables, doit être de toute nécessité prédisposé à certains états morbides donnés. Or, de toutes les maladies qui sévissent sur lui de prédilection, la phthisie pulmonaire est sans contredit une des plus fréquentes.

Cette dernière proposition n'a pas besoin d'être démontrée. Elle est attestée par tous les médecins de l'armée et admise par le conseil de santé lui-même, puisque, dans sa sollicitude pour tout ce qui touche à l'état sanitaire des troupes, il vient de mettre au concours la question qui m'occupe.

Pour faciliter la tâche que je me suis imposée, il me paraît convenable, avant de décrire l'étiologie de la maladie qui fait le sujet de ce Mémoire, d'esquisser à grands traits une doctrine rationnelle touchant sa nature. En effet, si je parviens à faire partager mes convictions sur l'essence de la consomption pulmonaire, et à persuader qu'elle est liée à une altération déterminée du sang, sans laquelle elle ne saurait ni exister, ni se produire, je n'aurai plus qu'à rechercher les conditions qui peuvent amener cette lésion du fluide nourricier, et à scruter les habitudes hygiéniques du soldat, pour y trouver en même temps, et les causes du mal qui le décime, et les moyens de le prévenir.

J'aborde donc l'étude philosophique des causes prédisposantes de la phthisie, pour exposer ensuite les causes efficientes. Mais auparavant il convient de définir cette affection. Dans l'état actuel de nos connaissances, il ne me paraît pas possible d'en donner une définition plus satisfaisante que celle-ci :

La phthisie pulmonaire est une maladie caractérisée par la présence, au sein du parenchyme pulmonaire, d'une substance sans analogue dans l'économie, et qu'on a appelée *tubercule*. Elle est le résultat d'un *vice* répandu dans l'organisme, et qui pervertit la nutrition. Si l'essence de ce vice nous est inconnue, ses effets ne sont que trop manifestes.

Il est *probable* qu'antérieurement à la formation du tubercule, il existe une altération du sang, un appauvrissement de ce liquide. MM. Andral et Gavarret, dans un travail qu'ils ont publié en 1840, ont principalement fixé l'attention des médecins sur la diminution en quantité des globules du sang au début de la phthisie [1]. Si j'énonce ce fait de l'antériorité de l'altération du sang sous forme dubitative, c'est qu'il n'est pas possible de prouver, par des expériences directes, qu'elle n'est pas l'effet de la tuberculisation aussi bien que sa cause. On concevrait facilement, à la vérité, que le tubercule,

---

[1] Dans un ouvrage plus récent, et dont je n'ai pris connaissance que depuis que j'ai achevé ce Mémoire, M. Andral reproduit cette assertion en l'étayant d'observations nouvelles (*Essai d'hématologie pathologique,* 1845). Il m'arrivera sans doute plus d'une fois, dans ce travail, de pouvoir appuyer mes opinions de quelques passages extraits de cette brochure.

quelle qu'en fût l'origine, gênant la circulation pulmonaire, troublât l'hématose et altérât consécutivement la crase du sang.

Remarquons donc, ne fût-ce que comme coïncidence et sans nous préoccuper davantage du point de vue chronologique, ce rapport de la tuberculisation avec la dyscrasie sanguine.

D'un autre côté, il résulte des recherches auxquelles s'est livré M. Lecanu, que le sang des phthisiques contient plus de sérum et moins de globules rouges que dans l'état physiologique. Ainsi la moyenne de ceux-ci étant de 0,127, la diathèse tuberculeuse les fera osciller entre 0,120 et 0,100. Et cela s'observe bien avant que l'auscultation ne fournisse aucun signe morbide. Cette diminution des globules va croissant jusqu'à la dernière période de l'affection, où on les a vus descendre jusqu'à 0,072. Il faut dire d'ailleurs que ce n'est que dans des cas rares qu'on a vu l'anémie poussée à cette limite.

Si l'on se rappelle maintenant que les principes constituants du tubercule se rencontrent tous dans le sérum du sang, on concevra sans peine avec quelle facilité la cause la plus faible, voire même le seul orgasme physiologique propre à l'âge adulte, pourra faire éclater la phthisie chez un sujet dont les matériaux de réparation seront si abondamment imprégnés des éléments du tubercule.

Cette proposition, émise par M. Roche, que la phthisie et la goutte ne se produisent jamais chez le même individu, parce que leurs causes sont diamétralement opposées, n'a pas encore été démentie par les faits, et demeure acquise à la science.

Que si le mécanisme de la formation du tubercule nous échappe, comme nous échappera probablement à jamais celui des sécrétions même physiologiques, il nous est du moins permis d'affirmer que la cause *générale* de la tuberculisation, comme celle qui donne naissance à tous les produits accidentels, réside dans un vice de nutrition.

Il doit y avoir pourtant de notables différences dans le mode de perturbation que subit le sang, — *cette chair coulante*, comme disait Bordeu, — selon le produit anormal qui en résulte.

Ainsi, tandis que le tubercule ne se développe que chez des individus à constitution faible et lymphatique, le cancer atteint fréquemment des sujets robustes et pléthoriques. Ce n'est que consécutivement, et alors que la dégénérescence est parvenue à l'état encéphaloïde, que s'établit la *cachexie cancéreuse*, et que le sang se dépouille d'une partie de ses globules. C'est à ce point que je suis tenté d'attribuer la détérioration de l'organisme à la seule résorption de la matière ichoreuse provenant du cancer ramolli [1].

Il en est de la cachexie tuberculeuse comme de la scrofule, qui n'a pas non plus de localisation. Cette analogie n'est du reste pas la seule qui rapproche ces deux affections, que beaucoup d'auteurs, entre autres M. Roche, considèrent comme identiques.

Portal et Reid partagent cette opinion, et ce dernier regarde la phthisie comme la période ultime des scrofules.

Sans vouloir discuter ici sur ce rapprochement, je dirai qu'il y a, selon moi, entre la phthisie tuberculeuse et la scrofule, cette différence bien caractéristique, à savoir : que la scrofule est toujours congéniale, sinon héréditaire, tandis que la phthisie, bien que transmise souvent par voie de génération,

---

(1) « Ainsi, la disposition de l'organisme qui crée le cancer ne se traduit pas dès son origine, comme celle qui crée le tubercule, par un appauvrissement du sang. Aussi remarquez que, tandis que dès le début de la maladie, et souvent même avant qu'elle puisse être démontrée, le tuberculeux est presque toujours remarquable par sa faiblesse et sa pâleur, il n'en est pas de même du cancéreux : celui-ci peut présenter, avant l'invasion de son mal et pendant les premiers temps de son existence, toutes les sortes possibles de constitutions et de tempéraments. Quoi de plus commun que de voir une affection cancéreuse s'établir chez des individus d'un tempérament sanguin et qui ont l'aspect pléthorique ? » (ANDRAL , *ouvrage cité* , p. 178.)

est très fréquemment aussi acquise à un âge plus ou moins avancé et tout à fait accidentellement.   .   .

.   .   .   .

.   .   .   .

De tout ce qui précède il résulte que : toutes les causes plus ou moins prochaines qui tendront à priver le sang de ses proportions normales de principes stimulants, en troublant l'hématose, en introduisant dans le torrent circulatoire des agents délétères, ou en s'opposant à l'élaboration des sucs nutritifs, toutes ces causes engendreront la prédisposition à la tuberculisation. Dans ce cas sont : certaines altérations des poumons et du cœur, les empoisonnements miasmatiques, l'action des virus, les lésions chroniques et profondes du tube digestif, les affections morales dépressives, etc., etc.

Enfin il me paraît évident que la phthisie tuberculeuse est due à une perversion de nature *asthénique* de la fonction de plasticité, survenue accidentellement pendant la vie extra-utérine, ou apportée en naissant et constituant une idiosyncrasie.

Voilà pour les causes prédisposantes de la tuberculisation. Il me resterait maintenant à rechercher ses causes déterminantes. Mais ici, — je l'ai déjà dit, — je suis arrêté par un obstacle que l'esprit humain ne franchira peut-être jamais. Il ne s'agirait en effet de rien moins que de toucher aux mystères impénétrables des phénomènes intimes de la nutrition, et la science moderne, ennemie des hypothèses trop hasardées, a reculé jusqu'à présent devant de pareils problèmes.

Il faut donc se borner à ajouter à la proposition que je viens de formuler les corollaires suivants :

1° Tout ce qui contribuera à pervertir la nutrition de manière à donner lieu à des produits accidentels, *prédisposera* à la phthisie, et tout ce qui l'altérera selon un mode donné, la *déterminera* fatalement.

2° Pour faire prédominer la maladie dans les poumons et constituer la consomption pulmonaire, il n'est besoin que d'une cause quelconque d'irritation agissant sur les organes de la respiration ou leurs annexes, comme une bronchite, une pneumonie, une pleurite.

Deux opinions contradictoires ont été émises sur l'origine des tubercules.

Les uns les attribuent exclusivement à l'inflammation. Les partisans de cette doctrine, sectateurs exagérés du grand réformateur, sont rares aujourd'hui.

Au contraire, la plupart des auteurs de nos jours, entre autres MM. Bouillaud, Andral et Cruveilhier, tout en accordant à la phlegmasie des or-

ganes thoraciques sa part d'influence dans le
développement de la phthisie, en tant que détermi-
nant l'évolution du tubercule, ne lui reconnaissent
pas cependant la propriété de créer le germe de
cette sécrétion [1].

Sans doute l'inflammation n'est qu'une cause occasionnelle et sans efficacité, quelles que soient son
étendue, son intensité et sa durée, pour produire un
seul tubercule, en l'absence d'une prédisposition qui
consiste en une perturbation *sui generis* de la nutrition, et qui se traduit par une modification appréciable de la crase du sang.

Cette manière de voir est aussi celle de M. Roche,
que je me plais à citer si souvent, parce que cet
auteur a prouvé de la manière la plus irréfragable
son indépendance et sa loyauté, en venant, dans ces
dernières années, donner un démenti formel aux
principes qu'il avait professés autrefois à l'endroit
de la phthisie, alors qu'il subissait comme tant
d'autres le joug de la doctrine du Val-de-Grâce.

Peut-il y avoir d'ailleurs un argument plus pé-

____

[1] La formation en excès de ce principe — la fibrine — ne dépend pas
du développement du produit accidentel, mais bien de l'inflammation qui
vient se joindre à lui à une certaine période de son existence ; c'est là une
nouvelle preuve à ajouter à beaucoup d'autres qui démontrent que le
travail qui crée les différents produits accidentels, comme tubercule, cancer,
mélanose, hydatide, etc., n'est pas de même nature que celui qui fait
l'inflammation. (ANDRAL, *loco citato*, p. 166.)

2

remptoire pour démontrer que le travail de formation du tubercule n'est pas de nature phlegmasique,
que celui qui est basé sur l'analyse du sang, laquelle
ne révèle un excès de fibrine qu'à la période de ramollissement du produit morbide, époque à laquelle
des foyers d'inflammation se rencontrent en effet
autour des noyaux de substance tuberculeuse?

Ce fait explique encore pourquoi deux théories
en apparence opposées sont restées dans la science
au sujet de l'étiologie de la phthisie pulmonaire.
Cela provient de ce que les pathologistes qui ont
écrit sur cette maladie ne l'ont souvent envisagée
que sous le rapport exclusif de l'état local ou de
l'état général.

Voyons plutôt :

Bayle et Laënnec, MM. Chomel et Louis, rapportent la phthisie à des causes *asthéniques*. Brous-
sais, et après lui M. Bouillaud, l'attribuent à *l'irritation* et la regardent comme consécutive de la
phlegmasie des bronches, des poumons ou de la
plèvre, *pourvu qu'il y ait la coïncidence d'une* PRÉDIS-
POSITION SPÉCIFIQUE. Qu'on remarque bien cette res-
triction; car elle contient tout entière la doctrine
que je viens de résumer. Mais elle y est seulement
en germe, comme une étincelle du génie de Brous-
sais, et en quelque sorte comme pour lui éviter le

soupçon d'avoir méconnu une vérité presque vulgaire. C'est en même temps une preuve des efforts qu'il a dû consacrer à l'édification de son système, et des écueils où sont venus se heurter à leur insu tant de novateurs qui ont tenté de soumettre la nature aux lois artificielles créées par leur imagination.

Il faut bien éluder une difficulté qu'on ne peut vaincre, et c'est ce qu'a fait l'auteur du physiologisme, en appliquant à la phthisie la thérapeutique des phlegmasies franches, sans tenir aucun compte de la *spécificité* qu'il avait reconnue lui-même à cette affection.

Conçoit-on que des autorités comme MM. Magendie et Cruveilhier aient pu ne voir dans le tubercule que le résultat de la sécrétion d'une espèce de pus, et que M. Andral ne l'ait attribué qu'à une simple hypérémie dans les organes où on le rencontre [1] ?

Ceux qui soutenaient que les tubercules étaient le produit de l'inflammation, rapportaient à l'appui de leur opinion des nécropsies où on avait trouvé d'abondantes collections tuberculeuses chez des individus qui avaient succombé à des pneumonies ; or, quelle conclusion peut-on tirer logiquement de ces

[1] On a vu combien les opinions de M. Andral se sont modifiées depuis ses recherches sur les altérations du sang.

faits, si ce n'est celle-ci : « qu'on n'est pas exempt de pneumonie parce qu'on a des tubercules commençants dans les poumons (Roche). »

Du reste, les tubercules sous-cutanés ne se développent-ils pas sans symptômes inflammatoires, et peut-on admettre une phlegmasie générale chez les sujets dont le cerveau, le mésentère, les poumons, le foie, etc., sont farcis de tubercules, et de tubercules du même âge, c'est-à-dire arrivés au même degré de maturité? Une pareille hypothèse ne serait point soutenable, et cependant les exemples fourmillent, de cas où les tubercules se sont rencontrés à la fois dans tous les organes que je viens d'énumérer. Quelle est donc la théorie véritablement positive et qui conclue à un traitement rationnel (ce qui ne veut pas dire efficace) de la tuberculisation pulmonaire?

Je crois que c'est celle qui est basée en même temps et sur l'élément local et sur l'élément diathésique de la maladie, sur l'altération des solides et sur celle des liquides tout à la fois. En d'autres termes, je crois que ceux qui considèrent comme irritative la nature de la phthisie ont raison, aussi bien que ceux qui la regardent comme asthénique. Chacune de ces deux doctrines possède une face de la vérité, mais c'est dans leur combinaison seule qu'est la vérité tout entière.

Je me résume donc par les propositions suivantes :

1° La diathèse tuberculeuse est toujours un état primitivement général et qui se lie à un vice de nutrition ;

2° Les causes de cet état général sont essentiellement asthéniques ;

3°. La sécrétion de substance tuberculeuse qui se fait de prédilection dans tel ou tel organe, de manière à en amener la désorganisation, suppose nécessairement la préexistence d'une diathèse *sui generis*.

4° C'est sous l'influence des causes stimulantes — sthéniques — que la matière tuberculeuse, jusqu'alors charriée par le sang, se localise dans un point de l'organisme, et s'agrège sous forme de corpuscules, qui sont soumis à une évolution dont la durée est en rapport avec l'intensité de l'irritation qui règne dans leur voisinage.

Après avoir très succinctement étudié la phthisie tuberculeuse, abstraction faite de l'organe affecté et de toute condition sociale qui puisse constituer une aptitude spéciale à contracter cette maladie, je dois maintenant, pour remplir le programme qui m'est tracé, quitter ces généralités pour ne m'occuper, dans la suite de ce travail, que de la tuberculisation *pulmonaire* et des causes de sa fréquence chez le *soldat.*

CHAPITRE Ier.

CAUSES GÉNÉRALES OU PRÉDISPOSANTES.

Les causes qui prédisposent le soldat aux atteintes de la phthisie pulmonaire sont les suivantes:

a. L'âge adulte;

b. L'habitation des villes;

c. L'encombrement et l'insalubrité de la plupart des casernes;

d. La nostalgie;

e. La syphilis constitutionnelle;

f. L'onanisme, la pédérastie et les excès vénériens;

g. L'ignorance des lois de l'hygiène;

h. Le séjour des hôpitaux.

Examinons chacune de ces influences isolément et en détail. Et d'abord:

a. *L'âge adulte.* Hippocrate avait déjà fait cette remarque, que l'âge de 18 à 35 ans était le plus favorable à la production de la consomption pulmonaire; et M. Lombard, de Genève, en établissant la gradation des âges où l'on rencontre le plus de phthisiques, place en première ligne de 20 à 30, puis de 30 à 40 ans. L'observation de tous les jours confirme ces résultats d'une pratique qui date des premiers temps de la science.

Or, l'immense majorité des soldats se trouve dans cette condition d'âge, car il n'en est point au-dessous de 18 ans et fort peu au-dessus de 35.

b. *L'habitation des villes* concourt à plus d'un titre à la tuberculisation des poumons. Je crois qu'il serait oiseux d'insister longuement sur cette vérité qui n'est contestée par personne, à savoir : que les habitants des villes, bien plus que ceux des campagnes, sont exposés à mourir poitrinaires. La théorie rend parfaitement compte de ce fait, par la considération des conditions hygiéniques si disparates au milieu desquelles naissent et vivent les citadins et les paysans.

Pour les uns, l'encombrement, l'humidité et l'obscurité des habitations ; les excès de tous genres, les habitudes molles et énervantes du riche, et les durs et insalubres labeurs du prolétaire. Pour les autres, l'atmosphère pure et embaumée des champs, la lumière qui les inonde, la simplicité des mœurs, l'aisance et l'uniformité de la vie domestique, l'exercice musculaire en plein air : tel est le contraste qui imprime la différence que chacun sait entre la constitution de l'habitant des cités et celle de l'homme des champs.

Pour prouver le rapport de cause à effet qui lie quelques-unes des influences que je viens d'énumérer comme inhérentes au séjour des villes, et la production de la phthisie pulmonaire, M. Coste a déterminé à volonté, chez des animaux qu'il a soumis à l'action de ces causes, l'état pathologique que je viens de désigner.

Cette étiologie est confirmée par M. Piorry, qui a fait à ce sujet les expériences les plus concluantes.

c. *Les effets de l'encombrement et autres causes d'insalubrité des logements* sont la viciation de l'air et consécutivement celle de la nutrition, qui prépare la sécrétion tuberculeuse. Qui connaît tout ce que laisse à désirer au point de vue hygiénique la disposition des casernes, l'exiguité des chambrées, leur humidité, entretenue par le mode de construction ou la négligence du soldat, comprendra sans peine que j'assimile, sous ce rapport, la condition des troupes à celle des classes les plus malheureuses de la société.

d. *La nostalgie* n'est pas rare parmi les jeunes soldats, principalement chez ceux qui arrivent des provinces les plus éloignées de la civilisation. Sous les aspects les plus variés, elle peuple les hôpitaux militaires de sujets qui languissent, s'étiolent, sortent à diverses reprises, et reviennent enfin succomber à la phthisie:

Et dulces moriens reminiscitur Argos.

Mais le plus souvent *le mal du pays* atteint des individus déjà en proie à d'autres affections, et ne fait que compliquer celles-ci. Dans ce cas, les convalescences se prolongent indéfiniment, le sang s'appauvrit et la tuberculisation est menaçante, si la certitude de revoir bientôt ses foyers ne vient à temps rendre au malheureux nostalgique la *résistance vitale* prête à l'abandonner.

La nostalgie agit donc à la façon des chagrins profonds et de longue durée, lesquels ont déjà été considérés par Laënnec comme prédisposant à la phthisie.

M. Andral combat cette opinion, et assigne à cette cause la production du cancer et spécialement celui de l'estomac.

S'il m'est permis de faire intervenir dans cette question litigieuse le résultat de ma courte expérience, je dirai que j'ai vu plus d'une fois des sujets convalescents de maladies graves, devenir nostalgiques, être pris de fièvre hectique et d'une toux *sèche*, s'émacier et s'éteindre lentement.

L'autopsie révélait des tubercules pulmonaires;

ne seraient-ce pas ces cas qui auraient quelquefois été qualifiés de *phthisie* NERVEUSE ?

e. *La syphilis constitutionnelle* imprime à l'écono-mie un cachet *sui generis*. Le sang perd ses pro-priétés normales. Il suffit de le voir à l'œil nu pour s'en convaincre. Il est probable qu'au microscope et à l'aide des réactifs, on constaterait les altérations les plus graves dans ce fluide. Je ne sais si des ex-périences ont déjà été faites dans ce sens [1], mais je me propose de les entreprendre à la première occasion favorable qui me sera offerte.

Quoi qu'il en soit, cet état d'intoxication prédis-pose à diverses affections cachectiques, comme le scorbut, le cancer, les tubercules, etc.

Il arrive d'ailleurs très fréquemment que l'hy-drargyrie se combine avec la syphilis par l'emploi inopportun du spécifique, lequel, quand il n'est pas administré dans des conditions convenables pour agir contre le mal, agit à son bénéfice et ajoute à la maladie primitive une complication presque aussi grave.

---

(1) Depuis que j'ai écrit ces lignes, M. Ricord, dans les leçons qu'il fait à l'hôpital du Midi, a confirmé toutes mes prévisions. « Dans la vérole, » a-t-il dit, « nous avons un effet toxique incontestable, une altération » évidente du sang, une diminution des globules et de la fibrine facile à » constater, tout le contraire en un mot de l'état inflammatoire. » (*Gazette des hôpitaux*, n° du 19 août 1845.)

Les hôpitaux militaires fournissent beaucoup d'exemples de ce genre, parce qu'un grand nombre de médecins de l'armée continuent à traiter la syphilis par la méthode antiphlogistique, et s'obstinent à proscrire le mercure à une période de la maladie où il serait temps encore de conjurer les effets de l'infection générale. Ce n'est le plus souvent que lorsque des symptômes secondaires ou tertiaires se sont manifestés, qu'on a recours au mercure. Mais alors l'emploi de ce médicament est hérissé de difficultés, et il n'est pas indifférent d'administrer telle préparation de préférence à telle autre. Or, je le demande : toutes ces précautions sont-elles constamment observées, et ne serait-ce pas à l'usage banal du mercure sous une forme toujours identique et dans tous les cas, que seraient dus les insuccès, je dirai plus, les revers si souvent reprochés à cet agent thérapeutique?

f. *L'onanisme, la pédérastie et les excès vénériens* amènent la débilité par les déperditions trop abondantes de sperme, et surtout par les ébranlements que l'orgasme vénérien imprime au système nerveux. Ce sont des causes puissantes d'éréthisme, de spasmes, et conséquemment de perturbations des fonctions assimilatrices.

S'il m'est permis de dire toute ma pensée à cet

égard, je crois que les auteurs qui mentionnent à peine ces habitudes vicieuses dans l'énumération qu'ils font des causes de la phthisie, ont négligé une des plus importantes; et à l'exception de la pédérastie, qui s'exerce sur une échelle monstrueuse dans les casernes et les prisons, ce que j'avance ici est aussi bien applicable pour un certain âge aux bourgeois qu'aux soldats.

Les occasions que j'ai eues d'étudier les mœurs des casernes et des prisons, pour l'accomplissement de mon service militaire, m'ont mis à même d'observer des actes de turpitude auxquels on croirait à peine si on ne les avait constatés par soi-même. Aussi m'abstiendrai-je de retracer ici le tableau hideux de ce que j'ai vu et entendu, me bornant à en appeler, pour confirmer mes assertions, au témoignage de ceux de mes confrères qui ont été en rapport, dans l'exercice de leurs fonctions, avec des masses d'hommes en grande partie sans éducation intellectuelle et morale, et pour la plupart aussi d'un âge où les passions sont vives et impérieuses.

Et d'ailleurs, pourquoi en serait-il autrement? — Je parle en physiologiste. — Le soldat, pour satisfaire ses besoins sexuels, a sur le bourgeois des désavantages sans nombre. Il ne peut avoir de rapports qu'avec des prostituées, et des plus infimes encore, car *le soldat n'est pas riche*. Et, comme il sait bien les chances auxquelles il s'expose, il hésite longtemps avant de les braver. Qu'arrive-t-il alors? C'est que ces hommes se dédommagent de leurs privations en s'adonnant à des plaisirs illicites. — Quant à ceux qui affrontent bravement le danger, ils commettent des abus qui les conduisent au même résultat par des voies différentes, à la débilité générale et à l'anémie, conditions des plus favorables à la production de la phthisie, pourvu qu'une cause occasionnelle vienne en aide à cette prédisposition.

g. *L'ignorance des lois de l'hygiène* est-elle plus profonde chez le soldat que parmi le reste de la société ?

Non, si l'on n'a égard qu'aux catégories de la population civile où se recrute la masse de l'armée; mais évidemment oui, si l'on considère la population civile en général.

Il est inutile, je crois, de préciser le mode d'action de cette cause. Chacun sait que si l'hygiène préserve de la maladie, l'ignorance ou l'insouciance de ses préceptes expose l'organisme aux atteintes des causes morbifiques.

h. Enfin, j'ai considéré *le séjour dans les hôpitaux* comme constituant pour le soldat une des circonstances fâcheuses qui le conduisent à la *cachexie*, et partant le disposent à contracter la phthisie pulmonaire. Depuis longtemps on a constaté les funestes effets d'un long séjour dans les établissements nosocomiaux. Les maladies de courte durée y sont seules traitées avec un succès égal à celui qu'on obtiendrait des mêmes moyens employés à domicile. Pour ce qui est des affections chroniques, je pose en fait qu'on en guérit bien plus dans l'intérieur des familles que dans les hôpitaux, et que les soins les mieux entendus qu'on puisse prodiguer aux malades dans ces asiles, sont loin de compenser les causes de léthalité inhérentes aux hôpitaux les mieux administrés. Qu'est-ce à dire? c'est qu'il est dans la condition du soldat d'être forcé de chercher à l'hôpital les secours de l'art pour l'affection la plus légère, et dont le bourgeois le plus pauvre se ferait traiter chez lui. Bien plus, dans son aveuglement, il va même parfois jusqu'à chercher, par la fraude, à retarder sa sortie, pour peu qu'il soit enclin à la paresse ou qu'il ait de la répugnance pour le service.

Les constitutions les plus robustes finissent ainsi par s'altérer; et, comme les autres causes que je viens de passer en revue, celle-ci, par son influence sur l'économie en général, devient un acheminement à la phthisie pulmonaire.

CHAPITRE II.

CAUSES LOCALES OU DÉTERMINANTES.

Je l'ai déjà dit précédemment, les causes locales de la phthisie pulmonaire sont toutes celles qui ont pour résultat *d'irriter* les poumons ou leurs annexes.

J'ai fait remarquer aussi l'indispensable nécessité de l'existence antérieure de certaine altération du sang, liée ou non à la tuberculisation d'un ou de plusieurs autres organes. Sans cette condition, l'inflammation la plus formidable entraînerait plutôt la mort du sujet qu'elle ne produirait un seul tubercule.

Supposez au contraire la matière tuberculeuse charriée avec le sang, le moindre stimulus agissant sur un organe y déterminera le siége du travail pathologique d'où provient la consomption.

Admettez encore l'infiltration dans les poumons de tubercules à l'état miliaire, gênant à peine les fonctions et ne se traduisant à l'extérieur par aucun symptôme bien appréciable, et vous concevrez toute l'efficacité dont jouira *l'épine inflammatoire* qui viendra se fixer dans leur voisinage pour accélérer

l'évolution et le ramollissement de ces produits accidentels.

En résumé, on doit considérer comme causes
déterminantes de l'affection qui fait l'objet de ce
Mémoire, toutes celles qui sont aptes à produire la
bronchite, la pleurésie ou la pneumonie. Mon intention n'est pas de les détailler ici, parce qu'elles
se trouvent consignées dans tous les traités de pathologie spéciale. Mais il est deux conditions surtout
qui peuvent être regardées comme fatales aux individus prédisposés à la phthisie pulmonaire, et sur
lesquelles je tiens à fixer un instant l'attention, parce
qu'elles me paraissent rentrer parfaitement dans ce
chapitre.

Ces conditions sont :

a. La migration d'un climat chaud dans une con-
trée plus froide;

b. Les transitions brusques de température.

La première de ces causes, considérée par un
grand nombre d'auteurs comme déterminante de la
phthisie, a été regardée par d'autres comme étran-
gère à la production de cette maladie.

M. Grisolle assure qu'à Nice et à Marseille le
nombre des phthisiques n'est pas moins grand qu'à
Paris. On objecte à cette assertion, déjà émise par
d'autres observateurs, que ces deux villes étant des

centres de réunion des phthisiques de presque tous les points de l'Europe, il n'est pas étonnant que la mortalité par tuberculisation pulmonaire y soit si considérable.

Les chirurgiens militaires rapportent d'un autre côté que, même dans nos possessions d'Afrique, les troupes sont décimées par la phthisie aussi bien que dans nos contrées.

Nonobstant la divergence des opinions qui ont cours sur ce point d'étiologie, je crois pouvoir affirmer, d'après les faits que j'ai été à même de voir, que les recrues originaires des provinces méridionales, qui passent immédiatement dans nos latitudes, paient un plus large tribut que les autres aux ravages de la phthisie pulmonaire.

Si *les brusques transitions du chaud au froid* exercent une action morbifique sur l'économie, en raison de l'étroite sympathie qui unit les fonctions de la peau et celles des muqueuses, c'est surtout sur la muqueuse des voies aériennes que retentit cette action. Pour concevoir cette susceptibilité élective, il suffit de se rappeler que cette membrane, outre les propriétés qu'elle partage avec tous les tissus du même ordre, possède exclusivement celle de ressentir immédiatement le contact de l'air pendant l'acte de la respiration. C'est donc là une cause d'irritations bronchiques, voire même de pneumonies qui, à force de se répéter, dégénèrent en phlegmasies chroniques.

Je passe à l'appréciation des circonstances où le soldat est exposé plus particulièrement à ces funestes transitions du chaud au froid.

En hiver, dans les corps-de-garde, la température est souvent portée très haut, et l'homme dont arrive le tour de faction est inondé de sueur quand il s'expose au froid extérieur.

Bientôt il est transis, et souvent, avant qu'il soit relevé, il a ressenti le frisson initial d'une phlegmasie thoracique.

Il en est de même lorsque, la nuit, pressé par le besoin de la défécation, négligeant de se vêtir, il est obligé de traverser de longs corridors pour arriver aux lieux d'aisance, habituellement très éloignés des chambrées; fréquemment alors, il se réveille le matin avec une bronchite ou une pneumonie, etc.

En été, c'est le même phénomène qui s'observe, quoique produit dans des occasions différentes. Les troupes sont soumises, en plein midi et sous un soleil brûlant, à des manœuvres et à des marches qui les exténuent. La sueur les inonde et imbibe leurs vêtements. De retour à la caserne, le soldat se dépouille de tout ce qui le recouvre, à l'exception du pantalon et surtout de la chemise, dont l'humidité, en s'évaporant, le rafraîchit agréablement, mais non sans danger. La plupart ajoutent encore à cette imprudence celle d'ingérer avec avidité de l'eau, la plus froide qu'ils puissent se procurer, ignorant à quels périls les expose l'appât d'un fallacieux plaisir.

DEUXIÈME PARTIE.

Des moyens de prévenir ou de traiter plus efficacement la phthisie pulmonaire.

Je crois avoir surabondamment insisté sur la physionomie particulière du fonds organique qui caractérise le tuberculeux : — c'est l'exagération du tempérament lymphatique. Or, cet état peut-être tout à fait accidentel, ou transmis par voie d'hérédité.

Le tempérament lymphatique qui ne dépasse pas certaines limites, et que j'appellerai normal, ne s'oppose nullement à l'accomplissement régulier et permanent des fonctions. — Ce n'est que par la prédominance excessive des fluides blancs, qu'il se convertit en un état qui n'est ni la santé ni la maladie, et tient sans cesse le sujet qui en est doué sous le coup des affections qui atteignent le système circulatoire propre aux liquides non sanguins.

Au contraire de ce système, celui des vaisseaux rouges est de beaucoup inférieur en développement à ce qu'il devrait être par rapport à l'habitude extérieure des individus en question. Chez eux, l'hématose est moins énergique et ses produits pauvres en globules. Il y a de même diminution de la matière colorante et du fer, tandis que l'eau augmente. Toutes ces données résultent des expériences de M. Lecanu.

Pour ce qui est de *l'hérédité morbide*, elle ne peut être révoquée en doute.

« La prédisposition aux maladies est une triste
» et dernière preuve de la solidarité ascendante qui
» lie entre elles les générations successives d'une
» même famille. »

Telles sont les expressions d'un hygiéniste distingué, — M. Michel Lévy, — dont le nom fait autorité en pareille matière.

« Toute maladie, » — poursuit le même auteur, —
« reconnue héréditaire et actuellement réalisée,
» prouve deux choses : d'une part l'aptitude à répéter
» l'état morbide qu'ont offert les parents ; d'autre
» part l'action de causes qui ont mis cette aptitude
» en jeu. C'est parce que l'hérédité morbide consiste
» simplement dans une disposition, que l'hygiène est
» toute puissante pour la combattre, pour l'étouffer

» dans ses germes. C'est parce qu'elle n'éclate point
» sans la provocation de causes occasionnelles, qu'il
» est possible de lui disputer incessamment l'organe,
» le viscère, qu'elle paraît menacer. » (*Traité d'hygiène publique et privée,* tom. I, p. 143.)

Il serait superflu d'entrer ici dans le détail mi-
nutieux des soins de toute nature dont il faut entourer le sujet placé sous l'imminence de la phthisie
pulmonaire. Tant de précautions seraient incompa-
tibles avec les exigences du service militaire, et
insuffisantes les ressources que peuvent offrir les
hôpitaux. Un seul parti reste à prendre : c'est de
renvoyer le soldat dans ses foyers. Si la maladie
n'a pas dépassé sa période *d'opportunité,* elle demeure justiciable de l'hygiène, dont l'influence sa-
lutaire, bien dirigée, peut même conserver encore
de longues années au malheureux déjà en proie à
la consomption. C'est à l'exposition des principes
généraux sur lesquels doivent reposer les moyens
prophylactiques, que nous allons consacrer le chapitre suivant.

CHAPITRE Ier.

PROPHYLAXIE.

M. H. Royer-Collard, il y a peu d'années, a appelé l'attention des médecins sur un art complétement négligé, et dont selon lui on pourrait tirer un grand parti dans la pratique. Cet art, qu'il nomme *organoplastie hygiénique*, consiste à dominer le mouvement nutritif, et à se servir de l'alimentation et de l'exercice combinés selon certaines règles, pour modifier un fonds organique vicieux, et substituer en quelque sorte un édifice de commande sur les ruines d'une masure prête à s'écrouler.

Les Anglais tirent de cet ensemble de moyens, qui constituent *l'entraînement*, un parti précieux dans l'éducation des animaux et des hommes destinés à la course ou au pugilat.

Sans vouloir admettre que l'hygiène soit en possession d'une puissance génésique assez grande pour changer la forme d'une constitution, je la crois pourtant capable de ramener à l'état physiologique et compatible avec l'intégrité des fonctions, un tempérament dont les écarts auraient déjà réalisé une affection morbide, pourvu qu'aucun viscère important n'ait encore reçu une atteinte trop profonde.

Rentrant dans la spécialité de notre sujet, examinons actuellement quels peuvent être les moyens d'agir sur un sang appauvri, dans le sens que nous avons spécifié comme prédisposant à la tuberculisation. Évidemment il ne peut y avoir qu'une voie pour arriver au résultat qu'on se propose : c'est l'introduction dans l'économie de matériaux qui aient la propriété de produire un sang riche en fibrine et en globules. — Or, plusieurs conditions doivent être remplies dans ce but : la première se rapporte à la qualité des substances réparatrices ; c'est la plus facile à réaliser, grâce aux lumières que nous prête la chimie pour cet objet. Quant à la seconde, le problème à résoudre est plus complexe, car il s'agit d'obtenir l'élaboration des *ingesta*, et leur assimilation par des organes dont les fonctions sont plus ou moins languissantes.

§ 1er. *Aliments.* On peut diviser les aliments en deux groupes, selon qu'ils satisfont aux besoins de l'assimilation, ou qu'ils recèlent des produits combustibles qui servent à la respiration.

C'est sur la présence ou l'absence de l'azote qu'est basée cette distinction, que M. Liébig exprime en appelant les uns aliments *plastiques*, et les autres aliments *respiratoires*.

La chair des animaux et les céréales représentent les aliments les plus complets et sustentent toutes les fonctions.

Les aliments incomplets, comme la fibrine, l'albumine, employées isolément, le sucre, la gomme, le beurre, etc., ne peuvent suffire à l'entretien de la vie.

De ce que nous venons de dire, déduisons l'alimentation qui convient à l'individu dont on veut restaurer le fluide sanguin.

On proscrira le laitage, voire même le lait d'ânesse, tant et si injustement vanté jusqu'à présent.

On préférera à tout autre nourriture celle qui aura pour base les bouillons de bœuf, et mieux encore les consommés, les viandes d'animaux adultes, grillées, rôties ou cuites à l'étuvée.

Mais, comme ce régime ne saurait être longtemps continué sans provoquer le dégoût et la fatigue de l'estomac, on l'alternera, comme on le fait communément, avec des repas composés d'aliments variés tirés principalement du règne végétal. C'est surtout à déjeûner qu'on fera usage de soupes au maigre, de panades, d'œufs frais, de poisson, etc.

On évitera les repas copieux, sauf à les rendre

plus fréquents. La digestion s'en fera mieux, et on ne sera pas obligé d'obvier si fréquemment par la diète aux inconvénients d'une nourriture substantielle et excitante.

Les légumes frais et les fruits sucrés seront encore d'utiles adjuvants pour prévenir l'inappétence ou l'incomplète élaboration des aliments d'origine animale.

§ 2. *Boissons.* Elles sont destinées à réparer les parties liquides de l'économie, par l'eau qui les constitue en grande proportion, et à rendre moins laborieux l'acte de la chimification, en divisant la substance plastique. Par les principes divers qu'elles contiennent, les boissons agissent localement sur la sensibilité de la muqueuse digestive, et quelquefois sur tout l'organisme par voie d'absorption ou de sympathie. Leur action sur l'estomac dépend encore de la température à laquelle elles sont ingérées. Notre intention n'est pas de nous arrêter ici à l'étude des différentes espèces de boissons. Nous ne voulons qu'indiquer sommairement ce qui peut intéresser à cet endroit les individus pour lesquels nous écrivons ce chapitre.

Chez eux, nous avons vu le sang plus séreux que ne le comporte l'état normal; ce n'est donc pas le cas de favoriser l'introduction dans ce liquide d'une

quantité d'eau plus grande que celle qui est abso-
lument nécessaire à la digestion et à la satisfac-
tion du plus impérieux des besoins, la soif. — On
devra dès lors ne boire que le moins possible d'eau
pure dans l'intervalle des repas.

L'excès habituel des boissons aqueuses détruit
l'appétit, produit l'atonie du tube digestif, la plé-
thore aqueuse du système vasculaire, la mollesse
et l'inertie des organes de locomotion, la décolora-
tion des téguments, etc. (Michel Lévy); suivant
Haller, il peut occasionner l'hydropisie. Le besoin
de prendre de grandes quantités de liquides aqueux
est souvent, d'après M. Chomel, le premier signe
d'une phthisie pulmonaire au début.

Les boissons fermentées, prises avec modération,
conviennent en général à tous les sujets lymphatiques, mais plus particulièrement à ceux dont la
complexion a besoin d'être relevée, pourvu que, si
l'habitude n'en est point encore établie, on procède
par doses graduelles et qu'on ne dépasse pas certaines limites, en rapport avec les effets qu'elles
détermineront sur l'estomac. On donnera la préférence aux vins les moins capiteux, comme le Bordeaux, aux vins amers, tels que celui de Madère, etc.
La bière, pour les personnes qui l'appètent, constitue également une bonne boisson, par les pro-

priétés toniques que lui communiquent le houblon et l'acide carbonique qu'elle contient.

Comme les opérations intimes de la plasticité exigent le silence du système nerveux, il faut, avant tout, avoir l'œil ouvert sur la manière dont s'accomplissent les actes de la vie végétative, et redouter sans cesse de laisser arriver l'excitation à un diapason trop élevé. Ce serait précipiter l'invasion de la cachexie tuberculeuse, que de laisser se développer, sous l'influence des stimulants donnés outre mesure, des spasmes ou seulement une mobilité nerveuse insolite. C'est pourquoi on sera réservé sur l'emploi du café, du thé et autres boissons fortement aromatiques.

§ 3. *Air*. Si l'aphorisme de Ramazzini, *tel air*, *tel sang*, est vrai, on comprendra sans peine que nous consacrions un paragraphe à l'étude de cet agent, considéré sous le rapport des trois principes suivants dont il est le véhicule : la lumière, la chaleur et la vapeur d'eau.

a) Pour fixer le rôle de la lumière dans le développement des organes et le jeu régulier des fonctions, il suffit d'établir un parallèle entre les individus que leur profession condamne à vivre dans des lieux obscurs ou mal éclairés, et ceux qui, au contraire, exercent leur industrie en plein air, ceux

surtout qui s'adonnent à la culture et sont habituellement exposés aux rayons du soleil.

Les premiers se font généralement remarquer par
la pâleur de leur teint, la gracilité des formes, par
la mollesse et la bouffissure des chairs, qui sont
comme infiltrées. — C'est parmi eux que la phthisie
recrute ses plus nombreuses victimes. — Chez les
seconds, c'est tout l'opposé. La peau brunie, les
muscles épais et fortement accusés, la constitution
sèche, en un mot, tels sont les attributs qui ex-
cluent toute prédisposition aux dégénérescences,
parce qu'ils sont le résultat d'une sanguification
parfaite et d'une luxuriante nutrition.

Est-il besoin de dire que tous les lustres des sa-
lons ne sauraient remplacer l'influence bienfaisante
de la lumière naturelle, et garantir nos grandes
dames de l'étiolement dans lequel elles languissent
et se consument, pour vouloir méconnaître les en-
seignements du plus naïf instinct? Combien il est
pénible de penser que tant de femmes brillantes
par leur esprit, sont pourtant aveugles à ce point,
qu'elles sacrifient à la mode leur vie, *et, ce qui plus
est, leur santé!*

Ne dirait-on pas une tentative d'insurrection sus-
citée par l'orgueil du rang, contre la nécessité de
puiser à la même source que le vulgaire, l'air

atmosphérique et les rayons vivifiants du soleil? Désolante égalité!

Aussi la maladie dominante de notre époque est la chlorose, plus ou moins larvée par les manifestations morbides les plus diverses. On la rencontre partout, à tous les étages de la société, reconnaissant pour cause, ici la mollesse, là la décadence de nos mœurs. De là la spécificité dont jouit le fer contre la plupart des affections qu'engendre le raffinement de la civilisation, et la place réservée à ce modificateur dans notre arsenal thérapeutique.

b) L'impression que la température produit sur nos organes est relative, et diffère surtout suivant l'habitude. De telle sorte qu'une variation thermométrique qui eût passé presque inaperçue-si elle se fût produite graduellement, déterminera une sensation beaucoup plus énergique si elle arrive à la suite d'une transition subite.

On sait que l'homme peut supporter une température beaucoup plus élevée que celle de son corps sans voir celle-ci augmenter sensiblement, grâce à la faculté qu'il possède de se débarrasser de l'excédant de calorique par la perspiration cutanée et pulmonaire, dont l'intensité s'élève ou s'abaisse, selon le besoin. Il est une autre source de réfrigération dans le rayonnement et la conductibilité qui s'exercent lorsque la température ambiante est in-férieure à celle du corps. Enfin, l'état de sécheresse et d'agitation de l'air est une condition qui rend to-lérable une température beaucoup plus élevée que celle que nous pourrions supporter dans des con-ditions opposées.

La faculté de résister au froid est en rapport avec l'énergie de la respiration, et s'accroît avec les causes de refroidissement (*). Le mouvement est nécessaire pour que l'organisme développe une réaction suffisante au maintien de sa température propre, et ne cède pas à la loi d'équilibration. L'homme endurera d'ailleurs d'autant plus facile-ment un abaissement de température donné, qu'il aura eu plus de temps pour préparer ses moyens de résistance, c'est-à-dire de réaction. Outre une mul-titude de causes individuelles qui font varier cette force de résistance au froid, l'habitude joue encore ici un très grand rôle, et il est d'observation que les

(*) Qu'on ne se méprenne pas sur la signification que nous entendons donner à ce passage. Nous sommes loin de rapporter la *calorification* au phénomène chimique qui s'opère dans l'hématose pulmonaire, non plus qu'à aucune des causes physiques auxquelles on a essayé de la rattacher. — Nous ne voulons pas donner ici une théorie de cette fonction : l'occasion serait mal choisie. — Nous tenons seulement à faire nos réserves pour n'être pas suspect d'*organicisme* ou de *médecine exacte*. Nous y attachons une grande importance, parce que le moment n'est pas loin où nous pourrions être mis en contradiction flagrante avec nous-même.

personnes qui s'entourent d'ordinaire de trop minutieuses précautions pour se garantir du conctact de
l'air extérieur, sont celles qui sont le plus impres-
sionnables à l'action du froid. Il en est de même des
sujets lymphatiques et nerveux. — Je crois que l'on
pourrait mesurer la force de résistance vitale sur
celle de résistance aux causes de réfrigération.
J'ignore si cette analogie n'a pas été déjà signalée.

La température de l'air exerce encore sur nous
une influence qui varie selon l'état hygrométrique
de celui-ci. Nous n'avons pas à nous occuper ici de
l'air humide; ce sera l'objet de l'article suivant. Nous
ne nous étendrons pas non plus sur les effets com-
plexes d'une atmosphère sèche et chaude, attendu
que nous serions entraînés dans des détails étrangers
à notre sujet. Constatons seulement que, sous l'influence de cette condition météorologique, il y a
exaltation des organes périphériques et affaiblisse-
ment des organes centraux. Ajoutons encore que les
personnes à chairs flasques, à constitution humide,
se trouvent très bien de l'air sec et chaud. Leurs
digestions s'accomplissent avec plus d'énergie, et
elles acquièrent de l'embonpoint, ce qui s'explique
par cette circonstance que le calorique élève le ton
de leur vitalité et active toutes leurs fonctions.

Pour ce qui est de l'air sec et froid, on croit généralement qu'il est mieux supporté par les sujets originaires des pays du Nord que par les méridionaux ; c'est une erreur que Larrey s'est chargé de relever (*Mém. et camp.*, t. IV, p. 125), en s'appuyant sur les faits dont il a été témoin pendant notre désastreuse retraite de Russie. Il faut, en effet, pour ne point succomber à des froids rigoureux, un degré de résistance vitale qu'on trouve bien plus communément sous l'enveloppe sèche et brune du tempérament bilioso-sanguin d'un Espagnol, que chez un Hollandais lymphatique et bouffi.

Tout ce qui exalte la circulation facilite la lutte de l'organisme contre les causes de réfrigération. Ainsi le mouvement, une alimentation corroborante, l'usage modéré des spiritueux et des boissons aromatiques, constituent les moyens les plus efficaces pour neutraliser l'action sédative du froid.

En résumé, l'action du froid sur l'économie vivante a pour résultat, lorsqu'il atteint certaines limites, de refouler le sang de la périphérie vers les organes internes et de les congestionner, principalement les poumons et le cerveau ; enfin, en supprimant ou en diminuant notablement les sécrétions cutanées, il détermine des irritations sur l'une ou l'autre des membranes muqueuses, mais de préférence sur celle qui tapisse les voies aériennes.

c) L'état hygrométrique de l'air modifie puissamment la transpiration pulmonaire et cutanée ; cependant ses effets diffèrent selon le degré de la température régnante.

L'humidité combinée avec la chaleur raréfie l'air et rend la respiration pénible. Il en résulte un affaissement général, un ralentissement de la circulation, et par suite une propension aux stases sanguines passives. Comme sous un volume donné l'air humide et chaud contient une proportion d'oxygène beaucoup plus faible que lorsqu'il est sec et froid, en raison de sa dilatation par le calorique et la vapeur d'eau, le sang artériel perd de ses propriétés stimulantes, et toutes les fonctions paraissent opprimées et plongées dans la torpeur. Il est facile de se méprendre sur la manière dont s'opère la nutrition, si l'on prend pour un embonpoint de bon aloi le tissu graisseux dont la chaleur humide tend à favoriser le dépôt dans le réseau cellulaire.

L'air humide et chaud détermine encore les constitutions médicales les plus fâcheuses, et cela pour plusieurs raisons. D'une part, des principes suranimalisés, qui devraient être excrétés par la perspiration cutanée ou pulmonaire, sont retenus dans l'organisme, parce que l'air, saturé de vapeur d'eau, s'oppose à leur évaporation.

D'un autre côté, rien ne favorise la décomposition des matières organiques comme le concours de la chaleur et de l'humidité, et les miasmes délétères qui s'élèvent du sol se propagent avec une merveilleuse facilité au moyen de la vapeur d'eau que l'air recèle et qui leur sert de véhicule. En un mot, l'économie se trouve exposée à des causes morbifiques puissantes, auxquelles elle résistera d'autant moins qu'elle sera plus débilitée par des maladies antérieures ou par un appauvrissement du sang lié à un tempérament lymphatique. On sait de reste que ce sont les individus porteurs de ce tempérament qui sont le plus prédisposés aux fièvres catarrhales, que développe la constitution météorologique que nous venons de décrire, et rien n'est plus propre à donner un coup de fouet à l'évolution des tubercules, que des catarrhes prolongés ou fréquemment répétés.

L'air humide et froid n'est pas plus avantageux aux personnes chétives et affectées d'une tendance cachectique. Bien que, sous son influence, les sécrétions des muqueuses s'effectuent avec une énergie exagérée, il n'en résulte pas moins des états pathologiques analogues à ceux que produit la chaleur humide, parce que la transpiration cutanée est réduite proportionnellement. Dans les contrées où règne habituellement une température froide et humide, les habitants sont en grande partie rhumatisants, scorbutiques ou scrofuleux. L'assimilation, chez eux, est entravée par la débilité des viscères abdominaux; aussi ces populations offrent peu de résistance vitale et présentent avec celles des pays chauds et secs un contraste si frappant, qu'on peut comparer celles-ci aux animaux à sang chaud et celles-là aux animaux à sang froid.

Résumons ce qui se rapporte aux qualités de l'air que doivent rechercher les personnes menacées ou atteintes de phthisie, et traduisons ces données en préceptes : Il importe de choisir un climat tempéré, un lieu exempt d'émanations délétères, où les variations de température soient ménagées et les pluies peu abondantes. Pour l'habitation, qu'elle soit largement éclairée et aérée. Que si la condition sociale obligeait le malade à vivre dans un pays peu en harmonie avec les besoins de son organisation, il se garantira des effets d'un froid trop rigoureux par des vêtements en laine, mauvais conducteurs du calorique, et une alimentation qui, sous un petit volume, contienne une grande proportion de principes nutritifs. Il usera avec précaution de boissons spiritueuses ou fermentées. Il redoutera bien plus l'atmosphère chaude et non renouvelée d'un appartement, que le froid de l'air extérieur.

Pour empêcher la réfrigération et entretenir la perspiration cutanée, on appliquera immédiatement sur la peau de la flanelle, qui couvrira une aussi grande surface que possible.

S'il y a lieu d'opter pour une profession, on donnera la préférence à celles qui permettent l'exercice à l'air libre, et qui, sans exiger une dépense de forces trop considérable, empruntent leurs moyens d'exécution au système musculaire en général.

§ 4. *Exercice.* L'un des principaux moyens de précipiter les actes organiques est sans contredit l'exercice. Sous son influence, la température du corps s'élève, la circulation s'accélère, les sécrétions périphériques s'exécutent avec une plus grande énergie, tandis que celles des membranes muqueuses diminuent. La décomposition intersticielle est plus rapide et l'assimilation plus active. Tels sont les effets immédiats de l'exercice, proportionné, pour son intensité et sa durée, aux forces de l'individu qui s'y adonne et à la quantité de substance nutritive dont se compose son alimentation.

Pour se faire une idée de la puissance de l'exercice sur les fonctions digestives, il faut lire ce que les auteurs racontent de la gloutonnerie des athlètes les plus renommés de l'antiquité. Mais autant une vie active et une profession manuelle qui exigent des

mouvements généraux et modérés serait favorable
aux individus lymphatiques et chétifs, autant des
contractions musculaires poussées jusqu'à la fatigue
amèneraient infailliblement l'exténuation des forces
et le dépérissement. Il est difficile d'établir rigoureusement la mesure au delà de laquelle l'exercice
peut devenir nuisible. Tout ce que l'on peut dire à
cet égard, c'est qu'il ne doit pas amener de déperdi-
tion telle que la masse du corps en soit diminuée,
ou que les forces radicales en subissent un dom-
mage, que ne manqueraient pas de révéler une
lassitude anormale et un épuisement qui s'oppo-
serait invinciblement à la continuation des mêmes
efforts.

L'exercice et le régime représentent les ressources
les plus efficaces que l'hygiène mette à la disposition
du médecin pour refaire une constitution caco-
chyme et corriger les tendances vicieuses d'un viscère ou d'un système organique; ce sont les leviers
sur lesquels s'appuie la science dont nous avons
parlé ailleurs, l'organoplastie. Et puis, s'il est démontré, — et pour nous cela n'est pas douteux, —
qu'à l'aide de ces deux ordres de moyens on puisse
distraire quelquefois une partie des forces psychiques
en faveur de leur antagoniste — la plasticité, — ne
s'ensuit-il pas qu'on trouvera dans leur emploi un

avantage inappréciable, celui de faire taire cette susceptibilité nerveuse qui s'oppose si obstinément, dans certains cas, à l'élaboration de la matière nutritive, quelle que soit d'ailleurs l'intégrité des organes auxquels on la confie ?

Parmi tous les *gesta* dont l'importance a été célébrée par les anciens et dont la vertu a été vantée surtout pour préserver de la phthisie, l'exercice du cheval occupe le premier rang. Sydenham le considère même comme le moyen curatif le plus certain contre cette maladie. Nous ne saurions mieux faire ressortir l'exagération enthousiaste avec laquelle cet auteur préconise l'équitation, qu'en rapportant ses propres expressions :

« Quelques-uns de mes parents, » dit-il, « qui
» étaient attaqués de cette maladie, ont été guéris
» en continuant longtemps cet exercice par mon
» conseil ; car je savais certainement que tout autre
» remède, quelque précieux qu'il fût, et toute autre
» méthode, ne leur auraient servi de rien. Ce n'est pas
» seulement dans des consomptions légères accom-
» pagnées de toux fréquente et d'amaigrissement,
» que l'exercice du cheval a réussi, mais encore
» dans des consomptions *confirmées, accompagnées*
» *de sueurs nocturnes et même de ce dévoiement funeste*
» qui est ordinairement le dernier terme de la ma-

» ladie et l'avant-coureur de la mort. » (*Méd. pratique*, trad. de Jault, p. 427.)

Hoffmann (*Oper.*, tome III, p. 294) limite l'utilité de l'équitation à ce qu'il appelle la consomption *hypocondriaque* ou *atrophie*, et la proscrit au début de l'affection, de même que chez les jeunes gens pléthoriques, dans la crainte de provoquer des hémoptysies.

Il est évident que les succès cités par Sydenham ne se rapportent pas à la phthisie *tuberculeuse*, et que les cas dont il parle rentrent dans la catégorie des états morbides mal définis, qualifiés par Hoffmann de phthisies hypocondriaques.

Nous ne prétendons pas amoindrir les services que peut rendre l'équitation, dans un but de prophylaxie, contre une multitude de maladies chroniques, mais c'est précisément parce que nous croyons à l'utilité de cet exercice, que nous voudrions dégager la vérité de toutes les allégations erronées dont il a été l'occasion. Ce qui nous importe surtout, c'est de prémunir les gens du monde contre le danger qu'il y aurait pour eux à s'en rapporter au préjugé qui attribue à cet exercice, purement hygiénique et préservatif, des propriétés curatives qu'il ne saurait avoir, et à négliger, à cause de cette croyance, tous les autres moyens qui doivent concourir avec celui-ci pour produire quelque bon résultat.

Les individus disposés à la tuberculisation, comme tous ceux dont la nutrition est compromise par une obstruction des viscères abdominaux ou un état d'éréthisme nerveux, tireront profit de l'équitation, pourvu que les ébranlements transmis au cavalier par sa monture soient neutralisés par les procédés qu'enseigne l'art de l'écuyer. Les secousses légères communiquées par le cheval favorisent puissamment la progression des liquides et la répartition régulière de la matière plastique; l'appétit est augmenté et la digestion s'effectue plus rapidement. Enfin, par la succussion des organes parenchymateux, les engorgements se résolvent, et les fluides blancs accumulés dans leurs canaux ou dans les glandes rentrent dans le torrent circulatoire. La peau, dont le réseau capillaire n'était plus complétement parcouru par le sang, à cause du ralentissement de son cours, en est imprégnée de nouveau jusque dans ses dernières ramifications vasculaires, et c'est ainsi que se rétablissent ses importantes fonctions.

Nous arrivons à la gymnastique, dont l'utilité ne nous apparaît pas bien manifeste, examinée au point de vue de son influence sur la constitution en général; car, comme le dit M. Michel Lévy *(loco cit.)* :

« La nature a dispensé l'homme de science pour

» croître et se développer. » Nous n'avons pas à nous occuper de ce que peut la gymnastique comme agent d'orthopédie; mais c'est certainement sur ce terrain que sa puissance est le moins contestable. Des auteurs ont prétendu que l'exercice fréquemment renouvelé des muscles qui président aux mouvements du thorax avait la propriété d'augmenter l'étendue des axes de la poitrine, et de donner par conséquent un champ plus vaste aux actes respiratoires. Cette opinion est contestée par M. Voillez (*Rech. sur l'inspection et la mensuration de la poitrine, p.* 352), qui n'admet pas que ces mouvements partiels possèdent une efficacité aussi grande que ceux qui seraient dus au système musculaire en général.

CHAPITRE II.

THÉRAPEUTIQUE.

« On a beaucoup écrit sur la phthisie pulmonaire;
» on a de très fréquentes occasions de l'observer, et
» cependant cette maladie n'en est pas moins un des
» plus grands fléaux de l'humanité, par sa nature et
» par ses résultats. »

C'est par ces mots qu'un médecin distingué de l'école de Montpellier (Baumes) commençait, il y a près de soixante ans, un *Traité de la phthisie pulmonaire.*

Malheureusement la science a fait si peu de progrès dans la thérapeutique de cette maladie, qu'aujourd'hui encore les mêmes expressions trouvent parfaitement leur place en tête de ce chapitre.

On pourrait même croire que l'on guérit aujourd'hui moins de phthisiques qu'autrefois, si l'on s'en rapportait aux ouvrages qui nous ont été laissés sur cette matière; car, de nos jours, une guérison de tubercules pulmonaires bien constatés est citée comme un fait remarquable, et ce n'est que de loin en loin que la science en enregistre quelques cas dans ses éphémérides. Les anciens, au contraire, nous ont transmis dans leurs écrits des exemples nombreux de succès obtenus contre ce qu'ils appellent indifféremment consomption, phthisie pulmonaire, etc., et cela par les traitements les plus divers, quelquefois les plus insignifiants.

Mais on sait combien le diagnostic des maladies était incertain jadis, sous le rapport de la localisation et de la détermination des lésions matérielles dont étaient atteints les organes internes. C'est aux travaux des modernes qu'est due la précision du langage scientifique, et, pour ce qui concerne plus particulièrement les affections des voies respiratoires, la connaissance exacte des états anatomiques qui les différencient.

Avant les précieuses découvertes d'Avenbrugger et de Laënnec, la pathologie des organes thoraciques était enveloppée d'une obscurité telle, qu'on trouve souvent confondues ensemble, sous la même dénomination, des maladies qui n'avaient de commun entre elles que leur siége; parfois même ce point d'analogie n'existe pas, et l'on ne peut s'empêcher, en lisant les descriptions de certains appareils symptômatiques que les auteurs rapportaient à la phthisie pulmonaire, d'y voir bien manifestement la physionomie propre aux maladies chroniques du tube digestif. La phlegmasie chronique des bronches et des poumons n'est presque jamais distinguée de la tuberculisation. On conçoit dès lors la fréquence des guérisons qu'ils obtenaient à l'aide des moyens les plus vulgaires, et qui, appliqués par nous à la phthisie, seraient sans aucune efficacité.

C'est que, pour nous, le mot *phthisie* a un sens bien circonscrit, qui ne s'applique qu'à une seule et même maladie, *la dégénérescence tuberculeuse des poumons*. C'est ici le cas de dire ce que nous pensons de la curabilité de la phthisie pulmonaire. Cette question est encore un sujet de controverse, et cela devait être, à cause de la dissidence qui règne encore

sur la nature de cette affection. Ainsi, il est des médecins qui croiront leur malade guéri parce qu'ils
auront fait justice des accidents locaux qu'il pouvait présenter, lorsque, par exemple, auront disparu
les signes physiques et matériels qui attestaient l'existence d'une *caverne*. D'autres, plus exigeants, re-
jetteront dans ce cas l'idée d'une guérison, et s'ap-
plaudiront seulement d'avoir reculé l'imminence
du danger. Ceux-ci, convaincus qu'il reste une maladie générale à combattre, n'abandonneront le
traitement que quand ils auront réussi à modifier
la constitution de leur malade; ceux-là, au contraire, ne voyant dans la phthisie qu'une affection
des poumons dont ils ont pu suivre, le sthétoscope
à la main, la marche graduellement décroissante,
et enfin la cessation complète, ne se préoccuperont
pas plus de l'éventualité d'une récidive, qu'ils ne le
feraient s'il s'agissait d'une fièvre typhoïde. De sorte
que la guérison de l'un ne sera pour l'autre qu'un
succès palliatif, et qu'il reste à décider s'il est possible d'en obtenir un autre. Sans vouloir multiplier
des citations qui seraient ici sans nul profit, nous
devons dire néanmoins l'opinion, à cet égard, de
quelques hommes qui font autorité.

Bayle nie formellement la possibilité de guérir la
phthisie déclarée.

Baumes est du même avis.

Laënnec, au contraire, l'admet par cicatrisation des cavernes.

M. Roche, de son côté, dit avoir par-devers lui deux cas de guérison non équivoque.

Si par le mot *guérir* on entend faire cesser les symptômes fonctionnels d'une maladie, en même temps que la cause matérielle ou dynamique qui y donnait lieu, il faut, pour se prononcer sur la question que nous venons d'aborder, analyser le problème thérapeutique. Il y a en effet, dans la phthisie pulmonaire, deux éléments à combattre :

a) Le tubercule, qui désorganise les poumons;

b) L'état spécial du sang, qui engendre le tubercule.

Examinons maintenant si l'art, ou à son défaut la nature médicatrice, ont la puissance de faire disparaître le tubercule là où il s'est fixé, en même temps que de régénérer le sang en lui rendant ses propriétés normales.

Sur le tubercule, l'art est sans action ; personne, jusqu'à présent, n'a réussi à en obtenir l'élimination, par quelque moyen que ce fût. La nature, au contraire, peut en débarrasser l'économie, soit en le détruisant sur place par le ramollissement et la suppuration, soit en l'isolant des parties vivantes. Dans le premier cas, les parois de la caverne se cicatrisent; dans le second, le tubercule s'entoure d'un kyste. Quel est le rôle de l'art dans l'un et l'autre mode de guérison? Il est incontestable que la nature en fait tous les frais. Quoi qu'il en soit, nous savons que le tubercule est curable, et c'est tout ce que nous voulions établir.

Nous avons dit qu'aucune tentative n'avait encore réussi à déterminer l'élimination du tubercule. Ce corps est trop dense pour pouvoir être résorbé, et toutes les fois que la nature parvient à l'expulser, c'est après l'avoir, au préalable, ramolli et converti en pus. Nous n'ignorons pas que, sous l'influence d'idées conçues *à priori* et basées sur des données chimiques, on a préconisé, dans ces derniers temps, différentes substances auxquelles on attribuait la propriété de dissoudre ou d'anéantir de toute autre façon le tubercule cru; mais l'expérience, comme on devait bien le prévoir, a démontré toute l'inanité de semblables prétentions.

Tout ce que l'on a fait de rationnel a eu pour but de retarder l'évolution du tubercule; car si quelques chances heureuses restent au malade dans le cas de ramollissement, elles sont bien minimes en comparaison du danger auquel il est exposé. Il est facile d'en juger, lorsqu'on songe que la guérison spontanée ne peut avoir lieu qu'avec la réunion des trois conditions suivantes :

a) Agglomération de tous les tubercules pour former un petit nombre de noyaux.

b) Communication de ces noyaux suppurés avec les bronches, pour que leur résidu puisse être rejeté par l'expectoration ou le vomissement.

c) Inflammation adhésive des parois des *cavernes* vides de leur contenu, et enfin leur cicatrisation complète.

Quant à la guérison par *isolement* des tubercules, il faut encore qu'ils soient réunis en masses peu nombreuses et peu volumineuses, pour ne pas entraver l'ampliation des cellules environnantes, ou comprimer par leur masse une trop grande portion des poumons.

Est-il possible de remédier à l'altération du sang, ou, si l'on veut, à la cachexie tuberculeuse ?. Certes, on ne fera jamais d'un phthisique dont on aura reculé la fin, qu'un valétudinaire astreint aux plus minutieuses précautions pour échapper à la récidive ; car un organe important a été lésé et reste sous le poids d'une susceptibilité morbide élective, lors même qu'il serait actuellement exempt du plus petit tubercule miliaire. Cet organe est celui de l'hématose, ce laboratoire où s'accomplit l'acte le plus important de la chimie vivante.

Il y a à la vérité une autre voie d'introduction aux éléments réparateurs du fluide sanguin, c'est l'appareil digestif; aussi est-ce là qu'une sollicitude éclairée devra veiller sans cesse, car là et là seulement est la planche de salut. Matériaux de nutrition, médicaments toniques, stimulants, altérants, substances prétendues spécifiques, tous ces modificateurs ont besoin de passer par la même filière pour arriver à leur destination : aussi faut-il la ménager, sous peine de se la voir interdire prématurément.

Comme l'indication qui consiste à réhabiliter l'état général ne peut être réalisée que par des agents venus du dehors, il s'ensuit que la nature est par elle-même réduite à l'impuissance, et que l'art, au contraire, a dans ce cas une prépondérance exclusive.

En résumé on peut, en scindant la question de la curabilité de la phthisie, la résoudre par les trois popositions suivantes :

1º L'état local est susceptible de guérison *spontanée*.

2º L'état général peut être favorablement modifié par l'hygiène et la thérapeutique, et être ramené à un type compatible avec la vie, bien que ce ne soit pas la santé.

3° La guérison spontanée de l'état local n'est durable qu'autant que l'économie est soustraite à toutes les causes capables de vicier la nutrition, et incessamment placée dans les conditions les plus propres à fournir un sang plastique et riche en globules.

C'est dire assez que nous ne reconnaissons à la phthisie qu'un traitement palliatif, dans l'état actuel de nos connaissances médicales.

Une quantité innombrable de remèdes, et des plus bizarres, ont été préconisés par l'empirisme contre cette affection. A défaut d'autres preuves, cette circonstance constituerait déjà à nos yeux une grave présomption en faveur de l'ignorance qui a présidé jusqu'à présent à la dispensation de tant de ressources. Il est à remarquer, en effet, que ce sont précisément les maladies pour lesquelles la science a le moins fait, qui ont donné lieu aux plus nombreuses découvertes thérapeutiques. Richesses vaines, qui ont inspiré à Bacon cette sentence que nous avons prise pour épigraphe : « *Medicamentorum varietas, ignorantiæ filia est.* »

Qu'on ne s'attende donc pas à ce que nous venions grossir la liste des médicaments qui ont été vantés comme *spécifiques* contre la phthisie. Dans le plus grand nombre des circonstances, ce sont les indications qui nous font défaut, bien plutôt que les agents capables de les remplir.

Nous nous sommes donc attaché à bien préciser dans quel sens la médecine doit agir, et à placer le problème sur son terrain véritable, persuadé que c'est en cherchant à s'éclairer sur la nature des maladies qu'on prépare les progrès thérapeutiques, et non point en expérimentant au hasard et sans boussole.

Ainsi, en attendant que la science, dont les limites vont chaque jour s'élargissant, ait réalisé à l'égard de la phthisie ce qu'elle a déjà fait pour d'autres fléaux non moins destructeurs, efforçons-nous, par un traitement rationnel, de faire vivre le tuberculeux avec sa maladie; et alors que nous ne pourrons plus disputer la victime à la mort qui déjà l'a glacée de son souffle, intervenons encore pour adoucir le martyre d'une longue et cruelle agonie.

Avant de nous engager dans les détails, jetons un regard rétrospectif sur ce qu'il convient de faire pour obvier à un accident qui imprime à la phthisie sa marche plus ou moins rapide, et son danger plus ou moins immédiat.

Les tubercules, pour se ramollir, ont besoin que leur évolution soit favorisée par le travail inflammatoire. C'est pourquoi il est d'une importance capitale de toujours combattre cet élément de la maladie lorsqu'il se manifeste. Toutes les autres indications ne sont qu'accessoires, voire même celle qui a pour but de restaurer la constitution par un traitement général altérant et analeptique. Cette manière de voir était déjà celle d'un médecin anglais qui écrivait en 1792 (May, *Essay on pulmonary consumptions, etc.*). Cet auteur reconnaît, « qu'il » existe chez tous les phthisiques une sorte d'état » inflammatoire sans lequel l'affection puriforme » ne pourrait pas être produite. »

Dans l'énumération succincte que nous allons faire des différents traitements qui ont obtenu tour à tour la faveur du monde médical, nous n'avons en vue que de rappeler les moyens principaux qui constituent la thérapeutique de la phthisie à notre époque. Parmi ces médications, il y a évidemment un choix à faire, selon les symptômes et les nombreuses particularités d'âge, de sexe, de tempérament, d'idiosyncrasie, etc. C'est à la sagacité des praticiens de prononcer sur ces points divers, qui sont exclusivement du ressort du tact médical. « L'efficacité des remèdes, » a dit Bacon, « dépend de leur application. » Cette proposition, vraie en thèse générale, est surtout applicable au cas particulier qui nous occupe.

Enfin, pour obtenir d'un malade toute la docilité nécessaire à un traitement aussi rigoureux que doit l'être celui de la phthisie, il est indispensable de lui faire comprendre la gravité de sa situation plutôt que de la lui dissimuler, comme on a coutume de le faire. Nous considérons ce précepte comme très important.

« Plutôt que d'aveugler les phthisiques encore
» curables sur les suites possibles de leur état, il
» convient de leur inspirer quelques appréhensions
» qui les rendent plus dociles aux avis de la science,
» et plus craintifs des résultats d'une imprudence.
» Le voyageur qui méconnaît le péril, s'y expose
» involontairement et y succombe. Celui, au con-
» traire, qui est éclairé sur les dangers qu'il court,
» les évite souvent après avoir combiné les cir-
» constances qui pouvaient l'y soustraire. » (Baumes,
ouv. cité, p. 174.)

§ 1er.

Traitement général.

a) *Antiphlogistiques.* En première ligne nous devons placer les antiphlogistiques, qui, dans un temps assez près de nous, ont joué un si grand rôle dans la thérapeutique. Il est avéré pour nous qu'on en a abusé, et que, partant d'un principe éminemment faux, on en a fait découler des conséquences entachées d'erreur. Nous avons exposé ailleurs les motifs qui nous font rejeter l'inflammation comme cause des tubercules.

Nous ne méconnaissons pas néanmoins l'utilité de cette médication dans certains cas déterminés, pourvu qu'on en use avec modération et qu'on l'applique avec discernement; ce qui signifie que si nous la répudions comme méthode générale, nous savons aussi en reconnaître la valeur quand il y a lieu de combattre certains accidents qui surgissent dans le cours de la phthisie. Ainsi une petite saignée trouvera son opportunité dans l'hémoptysie qui complique quelquefois si fâcheusement la position des malades; une application de sangsues ou de ventouses scarifiées fera justice d'un point pleurétique des plus incommodes; les boissons émollientes et mucilagineuses combattront avantageusement la réaction générale qui se produit chez les tuberculeux avec une prédilection toute particulière.

b) *Fumigations de chlore*. Les observations recueillies par M. Cottereau sur l'action de ce remède ne sont pas concluantes. D'autres expérimentateurs, loin de vérifier les résultats annoncés par ce praticien, ont au contraire signalé les dangers que comporte l'emploi de ces fumigations, à cause de leurs propriétés excitantes. Nous-même avons tenté deux fois de les appliquer à des phthisies laryngées, mais avec si peu de succès que nous avons dû y renoncer.

c) Chlorure de sodium. Ce sel, proposé par M. Amédée Latour comme spécifique contre la tuberculisation, ne paraît malheureusement pas avoir tenu les promesses de l'auteur qui, le premier, l'a fait entrer dans la thérapeutique de la phthisie. M. Louis, qui l'a employé dans son service à un grand nombre de cas, n'a pas eu à s'en applaudir. Cependant il ne faudrait pas rejeter définitivement cette substance, sans l'avoir essayée auparavant dans la pratique à domicile, attendu que les moyens hygiéniques qui doivent concourir à ses effets ne peuvent se concilier avec le séjour dans les hôpitaux. Nous pensons, en conséquence, eu égard surtout à la conviction chaleureuse avec laquelle M. Latour préconise ce médicament, et aux nombreux services qu'il a rendus entre ses mains, qu'il convient de multiplier des expériences d'ailleurs inoffensives, avant de condamner à l'oubli la médication par le chlorure de sodium (*). Le mode

(*) Nous avons plusieurs fois fait usage de cette substance, et si nous n'avons pas eu à nous en louer, nous devons dire, pour être juste, que c'était dans des cas où la maladie avait fait des progrès tels, que les secours de l'art devenaient inutiles.

d'emploi de cet agent consiste à le donner en solution, dans un véhicule approprié à l'état général, comme une infusion pectorale ou aromatique, ou bien encore dans une tisane amère, à la dose progressivement croissante de 2 à 8 grammes et plus, en continuant pendant plusieurs mois.

d) Le sous-carbonate de potasse, auquel M. Pascal, de Strasbourg, attribue une grande efficacité, ne mérite pas, selon les praticiens, la réputation qu'on a voulu lui faire. Il en est de même du sel ammoniac, préconisé par Cless, de Stuttgard, de la créosote et de l'acide cyanhydrique, qui ont été vantés contre la phthisie pulmonaire.

L'expérience n'a pas sanctionné l'efficacité de ces remèdes, qui, comme tant d'autres, ne sont plus usités aujourd'hui, si ce n'est pour combattre quelques symptômes isolés.

e) *Iode.* Ce médicament, employé à titre d'altérant, dans les affections strumeuses en général, a été affecté avantageusement au traitement de la tuberculisation pulmonaire. Ce qui a conduit aux expériences qui ont été faites dans ce sens, c'est l'analogie de nature que l'on a vue entre cette cachexie et les scrofules.

Nous avons été témoin de quelques beaux résultats obtenus par ce modificateur. Sous son influence, des phthisies bien manifestes ont été enrayées, et la constitution des malades arrivés parfois à un état de dépérissement fort grave, se relevait sensiblement. C'est donc un moyen qu'il ne faut point négliger. Il est bien entendu que ses effets seront d'autant plus certains, qu'on y aura recours à une époque plus rapprochée du début de la maladie, car si l'on attendait que la désorganisation fût trop avancée, il n'y a nul doute qu'on n'aurait plus rien à en attendre. Cette substance s'emploie communément sous forme de teinture alcoolique, depuis 5 jusqu'à 70 et même 100 gouttes par jour, en procédant graduellement. Ce traitement doit être continué assez longtemps, si l'on en observe de bons effets; mais il faudra le suspendre ou le supprimer tout à fait, si l'on s'aperçoit qu'il irrite les voies digestives.

f) *Iodure de potassium*. Préconisé par M. Piorry, ce sel a été, dans ces derniers temps, employé avec profusion ; mais les praticiens n'ont point encore fait connaître en assez grand nombre le résultat de leurs expériences à l'endroit de cet antituberculeux, pour qu'il soit permis d'asseoir, dès à présent, une opinion positive à cet égard. Cependant nous croyons rationnel l'usage de ce remède, en raison de son action bien connue contre d'autres dyscrasies qui ne diffèrent pas essentiellement de celle qui nous occupe ici. M. Piorry l'a donné à la dose de 0,50 à 3 grammes dans les vingt-quatre heures. Nous n'avons pas par-devers nous de fait pratique qui nous permette de dire autre chose, sinon que c'est une ressource qui peut être tentée sans inconvénient, concurremment avec les toniques amers et les analeptiques.

g) *Protoiodure de fer.* Cette substance, introduite dans la thérapeutique de la phthisie par M. Dupasquier, de Lyon, se donne en solution à la dose de 12 à 40 gouttes par jour.

A priori, il faudrait rejeter ce sel, à cause de la propriété qu'on reconnaît au fer de hâter l'évolution des tubercules, et de faire marcher la maladie *au galop*, qu'on nous passe cette expression.

D'ailleurs M. Louis, cet observateur si consciencieux, n'a retiré aucun avantage de ce médicament, non plus que de tant d'autres qu'il s'est donné la mission d'expérimenter.

h) *Huile de foie de morue.* Jusqu'à présent, nous n'avons pu invoquer notre expérience personnelle qu'avec la réserve que nous imposait le petit nombre de faits que nous avions pu réunir sur les propriétés de quelques-uns des remèdes que nous venons de passer en revue. Quant à celui-ci, nous l'avons administré très fréquemment, et avec une préférence toute spéciale ; aussi pouvons-nous ajouter notre témoignage à celui des praticiens qui ont écrit sur ce médicament.

Recommandée par les Allemands contre les symptômes si variés de la scrofule, l'huile de morue a subi la destinée de tous les anti-scrofuleux, c'est-à-dire qu'elle a été essayée dans la phthisie. Un médecin de Bordeaux entre autres, M. Pereyra, l'a employée sur une grande échelle et en a fait l'objet d'un Mémoire où son efficacité est appuyée par les observations les plus concluantes. Nous-même, avons-nous dit, nous sommes trouvé en position d'étudier cliniquement cet agent thérapeutique. Nous l'avons en effet vu donner, et nous l'avons conseillé nous-même un assez grand nombre de fois, dans des cas de phthisie pulmonaire les moins équivoques, pour pouvoir affirmer que l'huile de foie de morue est un des médicaments qui méritent le plus de confiance. Nous croyons pouvoir expliquer son action favorable, dans ces circonstances, par la propriété qu'il possède, d'après plusieurs auteurs, de régulariser les fonctions digestives, et par suite l'assimilation, qui s'effectue si péniblement chez les phthisiques. C'est ainsi que nous avons toujours interprété le retour de l'appétit, la diminution de la fièvre hectique et des phénomènes colliquatifs qui menaçaient immédiatement les jours des malades. On ne voit pas survenir de changement notable dans les symptômes locaux; mais l'état général s'améliorant, on gagne du temps pour s'occuper de la poitrine, et on réussit quelquefois à rendre stationnaire une période où la vie n'est compromise que dans un avenir assez éloigné.

Comme tous les modificateurs destinés à agir sur les phénomènes les plus intimes de la nutrition, celui-ci doit être continué avec persévérance pendant des mois entiers. Ce n'est même qu'au bout d'un temps parfois très long que son action se prononce visiblement. Pourquoi, d'ailleurs, en suspendrait-on l'emploi prématurément, quand on sait que son contact avec la muqueuse des voies digestives est exempt de la plupart des inconvénients attachés aux substances minérales que nous avons examinées jusqu'à présent?

La dose à laquelle se donne l'huile de foie de morue est de 1 à 4 et même 6 cuillerées à bouche par jour chez les adultes. Un même nombre de cuillerées à café convient aux enfants.

On associe à cette médication l'usage des toniques radicaux, des stimulants diffusibles, s'il y a lieu, et le régime corroborant toujours.

i) Soufre et ses préparations. Nous ne mentionnons cet ordre de moyens que pour mémoire, attendu qu'il n'est pas constaté qu'ils aient jamais été véritablement utiles, et parce qu'aujourd'hui ils sont complétement tombés en désuétude.

j) Les balsamiques ont été vantés ensuite de conceptions théoriques, et par analogie avec leur action sur les ulcères externes, c'est-à-dire comme cicatrisants des cavernes ou ulcères des poumons. Or, on se demande comment une pareille doctrine a jamais pu avoir cours, lorsqu'on songe qu'administrées par l'estomac, ces substances ne peuvent arriver aux poumons qu'amenées par le sang, et après avoir subi une décomposition qui doit réduire singulièrement la dose du principe actif nécessaire pour produire l'effet qu'on en attend. Les balsamiques ne possèdent, du reste, aucune influence spéciale sur les voies respiratoires, et l'on sait au contraire avec quelle rapidité ils sont éliminés par la sécrétion rénale.

Nous ne voulons pas dire que le poumon échappe seul à la stimulation qu'exercent les baumes sur la généralité des organes. Nous nions l'effet spécifique en vue duquel ils ont été administrés dans la pththisie, et voilà tout. Nous verrons plus loin, et à l'occasion du traitement des symptômes, le parti qu'on peut tirer de ces agents employés sous forme de fumigations, en vertu de leur action topique sur les surfaces suppurantes. Leurs propriétés stimulantes peuvent, de même, être utilisées dans bien des cas où il est indiqué de relever et de soutenir les forces ; mais il faut savoir s'arrêter à propos, et distinguer avec soin l'excitation qui résulte de l'action physiologique de ces médicaments, de la fièvre artificielle qu'ils produisent très fréquemment, et qui hâte toujours l'infiltration tuberculeuse des parenchymes. Ce sont surtout les *résines* qui présentent ces dangers ; quant aux baumes proprement dits, leurs propriétés stimulantes sont beaucoup moins à redouter, et leur usage peut être continué plus longtemps.

Le goudron mérite une mention spéciale, parce que des témoignages nombreux se sont produits de toutes parts sur ses effets avantageux dans la curation de la phthisie pulmonaire. C'est en solution dans l'eau et en fumigations qu'il a été employé. A Berlin, à l'hôpital de la Charité, on a depuis longtemps disposé des salles spécialement affectées au traitement de la phthisie par les fumigations de goudron. A défaut d'un autre appareil mieux approprié, on peut placer auprès du malade, et sur un feu doux, une livre de goudron qu'on fait évaporer sans le laisser arriver à l'ébullition, afin d'éviter le dégagement de vapeurs empyreumatiques irritantes pour les bronches. Si c'est à l'eau de goudron qu'on veut avoir recours, on mettra le goudron infuser, pendant trois ou quatre jours, dans huit fois son poids d'eau froide, puis on filtrera celle-ci, pour la recueillir dans des vases bien clos. Cette préparation se prend par verrées, et jusqu'à concurrence d'un litre par jour.

k) *Vomitifs*. Cette médication, décorée du titre de *curative* par Thomas Reid, qui s'est efforcé de la vulgariser en Angleterre, a été suggérée à cet auteur par des considérations théoriques qui se résument en ceci :

Lorsque des tubercules agglomérés se sont ramollis, il s'établit, par suite du travail ulcératif, des communications entre les foyers purulents et les bronches. La guérison, quand elle a lieu spontanément, s'opère par l'évacuation complète et la cicatrisation des cavernes pulmonaires; or, en favorisant quotidiennement le rejet, au dehors, de la matière purulente, au moyen du vomissement et de l'ébranlement général, et surtout de la compression qu'exerce le diaphragme sur les organes thoraciques pendant les contractions de l'estomac, le praticien anglais a pensé qu'il mettrait les poumons dans les meilleures conditions pour obtenir la cicatrisation des ulcères. A l'aide du même moyen, on remédie instantanément à la dyspnée, qui jette les malades dans la plus vive anxiété lorsque l'expectoration est diminuée ou supprimée, et qu'elle permet l'accumulation des liquides dans la poitrine.

Cette médication, Reid ne craignait pas de la continuer pendant cinq et six mois sans interruption. Chaque jour il prescrivait une dose d'ipécacuanha capable de produire un ou deux vomissements, matin et soir; et s'il donnait la préférence à cette racine, c'est que, selon lui, on n'a rien à craindre de son action sur l'estomac. Cependant, lorsque par une cause quelconque il était obligé d'y renoncer, le tartre stibié ne lui inspirait pas une inquiétude assez grande pour qu'il crût devoir se priver du secours de la méthode vomitive.

On comprend l'utilité de ce moyen, et s'il n'a pas la propriété de guérir la phthisie, nous pouvons du moins garantir ses effets avantageux contre la dyspnée. Nous l'avons maintes fois conseillé dans ce but, et toujours les malades demandaient spontanément à y revenir; ce qui nous fait admettre volontiers que, comme le rapporte l'auteur anglais, il serait facile de trouver chez les phthisiques la docilité nécessaire à un traitement à la fois si pénible et si long.

Pour prouver l'innocuité des vomissements longtemps répétés, on arguë du mal de mer, qui ne laisse généralement à sa suite aucune fatigue de l'estomac, et qui permet à ce viscère d'accomplir ses fonctions dès que l'habitude ou l'arrivée à terre ont fait disparaître l'état nauséeux auquel le voyageur était en proie. Il n'est même pas rare de voir les digestions, après un voyage en mer, s'exécuter avec une énergie et une régularité inaccoutumées.

l) *Navigation.* De tout temps on a signalé cette particularité, à savoir : que des phthisiques, arrivés à une période très avancée de leur maladie, avaient vu leur état s'amender, ou au moins rester stationnaire, pendant de longues navigations. On a très diversement interprété ce phénomène. Les uns l'ont attribué aux émanations maritimes mélangées à l'air qu'on respire, ainsi qu'à l'évaporation de la poix, du goudron et de la térébenthine, dont sont enduits les charpentes des navires et leurs gréements. D'autres n'y ont vu que le résultat du mal de mer et des vomissements prolongés. Quelques auteurs, enfin, ont accordé une large part, dans les effets de la navigation, aux impressions morales vives et incessantes auxquelles le voyageur est exposé, aussi bien qu'au changement d'habitudes et à l'influence des mouvements du vaisseau. Il est aussi certain que toutes ces causes réunies doivent contribuer à modifier profondément l'économie, qu'il est incontestable que les voyages en mer ont été souvent d'une grande utilité aux phthisiques. Il est fâcheux qu'arrivés à terre, ces malades ne tardent pas à retomber dans l'état où ils se trouvaient avant leur départ.

Les anciens, et même les médecins du siècle dernier, ont, selon leur coutume d'exagérer la vertu de tous les agents thérapeutiques, accordé à la navigation une importance que les modernes sont loin de lui reconnaître, en tant que traitement curatif de la tuberculisation pulmonaire. Clarke et Reid sont de ceux qui ont le plus insisté sur ses propriétés merveilleuses, et ce dernier explique son efficacité par les vomissements répétés que détermine le mal de mer. Il serait difficile de douter de la supériorité de ce moyen sur tous ceux que l'on emploie contre la phthisie, si l'on pouvait admettre l'exactitude du diagnostic et l'authenticité scientifique des nombreux exemples de guérison rapportés par l'auteur de la médication vomitive.

Laënnec n'est pas moins persuadé de l'utilité des voyages en mer, mais il l'envisage sous un autre point de vue, puisqu'il conseille d'entourer les malades d'une atmosphère marine artificielle, en répandant du varech dans les appartements qu'ils occupent. Mais les praticiens qui ont eu recours à ce procédé n'en ont retiré aucun bénéfice, preuve évidente qu'il faut le concours d'autres circonstances pour réaliser les avantages de la navigation.

En résumé, nous pensons que les phthisiques favorisés de la fortune ou placés sur les bords de la mer pourront, avec quelques chances de succès, tenter cette ressource, qui n'est offerte qu'à un petit nombre ; mais nous leur conseillerons, avant d'entreprendre un voyage de long cours, de s'essayer en parcourant une courte distance, pour être à même de calculer les effets qu'ils seront en droit d'attendre de ce moyen. Il n'est pas besoin sans doute de dire que, pour nous, nous ne lui accordons qu'une médiocre confiance, et cela pour deux raisons : la première, c'est qu'on ne peut pas le graduer à volonté, comme on le fait quand on administre un émétique ; la seconde, c'est que la nutrition est rendue impossible par la continuité des évacuations. De sorte que si, d'un côté, on réussit à combattre quelque symptôme et à améliorer l'état de la poitrine, on aggrave, d'autre part, l'affection constitutionnelle, en favorisant l'appauvrissement du sang; d'où nous concluons que les inconvénients de la navigation doivent l'emporter sur ses avantages.

m) *Moyens adjuvants.* On peut les ranger sous les dénominations suivantes : conditions climatériques, — régime diététique, — exercice — et influences morales. Mais tous ces points ont été traités à propos de la *prophylaxie*, et nous y renvoyons le lecteur, pour ne pas répéter ce que nous avons déjà dit; car les mêmes règles de conduite qui doivent être observées pour prévenir la phthisie, si elles ne suffisent plus alors que cette maladie est déclarée, ne sont cependant pas moins indispensables qu'auparavant pour aider au succès du traitement, quel qu'il soit. On peut même poser en principe que, dans toutes les affections chroniques, la thérapeutique est radicalement frappée d'impuissance, si elle n'a pour auxiliaire une hygiène bien entendue.

Les impressions morales que doivent rechercher les phthisiques sont celles qu'on a appelées *expansives*, parce que, sous leur influence, les organes s'épanouissent comme pour aller au-devant des sensations agréables qu'elles déterminent et les recevoir par un plus grand nombre de points. De cette action excentrique résulte une répartition plus

uniforme de l'influx nerveux, qui, dans les affections chroniques, tend à se concentrer sur les
viscères lésés; cette complication est des plus fâcheuses dans la phthisie, où elle cause des anxiétés
cruelles et augmente la dyspnée. Toutes les fonctions de la vie végétative sont sous la dépendance
des passions de l'âme. La tristesse prolongée altère
les sécrétions au point d'amener à sa suite les
lésions du sang les plus graves, et il ne serait pas
difficile de prouver que la plupart des maladies
asthéniques peuvent être engendrées par des causes
de ce genre.

Nous n'admettons pas, il est vrai, que la tuberculisation puisse leur être attribuée, mais il suffit
qu'elles dépravent la plasticité dans un sens quelconque, pour qu'il soit indiqué de les éloigner avec
le plus grand soin.

Les anciens reconnaissaient aux influences morales la vertu de guérir, à elles seules, des états
morbides qui, parfois, avaient résisté aux médications les plus variées, — et sans doute les plus
inopportunes.

Nous pensons que, dans les cas suivants, la cessation d'une thérapeutique intempestive a dû avoir
une plus grande part à la guérison, que la cause à
laquelle on la rapporte. Ainsi, selon Verdries,

Alexandre de Parme guérit Alphonse le Sage d'une maladie de langueur en lui lisant *Quinte-Curce*, et la lecture de *Tite-Live* produisit le même résultat sur Ferdinand, menacé d'une fin prochaine, d'après le docteur Rush. Enfin un auteur anglais dont le nom nous échappe rapporte que, pendant les événements qui signalèrent la guerre d'émancipation des Américains, une foule de soldats atteints de phthisie furent spontanément guéris, *par la joie que leur procura la conquête de leur liberté.*

Nous laissons aux médecins le soin d'apprécier l'authenticité et la valeur réelle de ces faits, que nous avons trouvés consignés dans des ouvrages sérieux, avec l'appui moral d'autorités recommandables. Certes, il ne peut être question ici de phthisies tuberculeuses, mais d'états nerveux qui préparent la consomption, et sur lesquels les émotions agréables ou les perturbations vives produisent habituellement d'excellents résultats.

§ 2.

Traitement des symptômes.

Indépendamment du traitement général, qui s'adresse à l'essence même de la maladie, — au tubercule, — il est nécessaire d'avoir à sa disposition des moyens propres à pallier les accidents divers qui surgissent dans le cours de la phthisie, et dont quelques-uns pourraient compromettre immédiatement l'existence si l'on ne parvenait à conjurer promptement le danger.

Toutes les fois qu'un des symptômes auxquels nous faisons allusion se présente, il importe de l'attaquer par la médication spéciale qui lui convient, tout en continuant le traitement altérant qui aura été institué. *A fortiori* devra-t-on s'attacher à poursuivre isolément chaque symptôme, quand la désorganisation des poumons est si avancée qu'il n'y a plus d'autre indication que celle de soulager.

Les phénomènes morbides dont nous allons nous occuper sont : 1° la toux, — 2° la dyspnée, — 3° l'hémoptysie, — 4° les douleurs pleurétiques, — 5° les névralgies intercostales, — 6° la diarrhée, et 7° les sueurs colliquatives.

1° *Toux*. Le moyen le plus sûr contre ce symptôme, c'est l'opium. Cependant il faut s'en abstenir quand il y a quelque tendance à la congestion pulmonaire, que ce médicament pourrait favoriser. L'extrait de jusquiame, de belladone ou de ciguë, l'eau distillée de laurier-cerise et l'acide cyanhydrique, sont autant de substances auxquelles on peut avoir recours avec avantage, pourvu qu'on alterne fréquemment dans leur emploi et qu'on en augmente graduellement les doses.

2° *La dyspnée* réclame un traitement différent, selon la cause à laquelle elle appartient. Or, elle peut tenir, soit à l'accumulation de liquides dans les bronches, soit à l'imperméabilité du poumon, provenant de la destruction de son tissu dans une étendue plus ou moins grande. Dans le premier cas, l'indication consiste à faciliter l'expectoration, et dans ce but on emploie l'infusion de polygala de Virginie ou d'hyssope, le baume de tolu, la gomme ammoniaque, le kermès minéral, l'oxymel scillitique, et surtout l'ipécacuanha à doses vomitives, dont nous avons déjà signalé les excellents effets.

Dans le second cas, on n'obtient que des résultats momentanés et très peu sensibles de l'emploi des dérivatifs cutanés, tels que les sinapismes promenés sur les extrémités inférieures, le vésicatoire ou l'emplâtre de poix de Bourgogne, entre les épaules ; les frictions stibiées ou avec l'huile de croton tiglium, dans la même région. On se rend parfaitement raison de la persistance d'accidents qui sont liés à un état matériel essentiellement permanent, la *désorganisation.*

Les exutoires appliqués dans le cours de la

phthisie ne doivent point être entretenus, pour peu
que la maladie s'éloigne de son début et que la
constitution du malade ait éprouvé une altération
avancée. Ces circonstances rendent les longues sup-
purations nuisibles, et, malgré la popularité acquise
aux cautères et aux sétons, nous ne craignons pas
de protester contre l'usage routinier et banal de
cette médication.

Quand un symptôme quelconque réclame l'emploi
d'un exutoire, c'est à titre de révulsif; et dès lors
on ne doit rechercher que l'action irritante de la
substance à laquelle on s'adresse. Cet effet produit,
il faut, si le résultat thérapeutique n'a point été
obtenu, revenir au même moyen. Mais pour ce
qui est de la sécrétion purulente, la théorie ne saurait nullement justifier son opportunité, et l'expérience, consultée à cet égard, la repousse comme
dangereuse, en ce qu'elle complique l'état morbide,
et soustrait au sang des éléments plastiques dont
l'économie a tant besoin.

Au demeurant, que peut-on raisonnablement
attendre de la suppuration d'une surface comme
celle d'un cautère, d'un séton ou même d'un vésicatoire ordinaire? Apparemment, l'élimination
d'une *humeur peccante* ou d'un *mauvais sang*, selon
les croyances des gens du monde. Mais de telles

absurdités ne trouvent de crédit aujourd'hui qu'auprès des garde-malades. Les médecins de nos jours sont heureusement exempts de ces préjugés, et cependant ils persévèrent, on ne sait pourquoi, à torturer les pauvres phthisiques, en leur infligeant tant de plaies, que le peu de jours qu'ils ont à passer ici-bas, sont empoisonnés par la douleur et le dégoût qu'ils inspirent.

Qu'on remarque d'ailleurs que, pour qu'une révulsion puisse s'opérer, il faut un stimulus, pour qu'il y ait consécutivement un fluxus, en vertu de cet axiome : *Ubi stimulus, ibi fluxus.* Or, nous le demandons, où est le stimulus dans une plaie suppurante? La sensibilité y est presque nulle, surtout quand on en a contracté l'habitude; — et le fluxus occupe-t-il une surface assez grande pour détourner une irritation, quelque peu étendue qu'on veuille la supposer? L'esprit se refuse à le croire, et, pour peu qu'on y réfléchisse, on sentira tout ce qu'il y a d'irrationnel dans la pratique journalière, en ce qui concerne les exutoires.

Il nous semble préférable d'avoir recours à de larges vésicatoires volants, couvrant tout un côté de la poitrine ou les deux côtés à la fois. On remplit, de cette manière, l'objet qu'on se propose, plus sûrement et plus rapidement; et l'on peut sans inconvénient y revenir aussi souvent que le besoin s'en fait sentir.

3° *Hémoptysie.* Ce symptôme, quand il atteint une certaine gravité, place le malade dans un danger pressant, et ne laisse aux moyens qu'on lui oppose qu'un temps très court pour produire leurs effets. Ces cas se rencontrent encore assez fréquemment, et font le désespoir de l'art. Si une personne bien portante peut succomber à une hémorrhagie prolongée, ou qui de prime abord atteint des proportions énormes, combien le péril ne doit-il pas être plus grand chez celle qui languit déjà faute d'un sang suffisamment animalisé?

La saignée générale est le principal et le premier moyen auquel on doive recourir contre l'hémoptysie; c'est celui sur lequel il est le plus permis de compter. La phlébotomie, dans cette circonstance, peut être utile, ou comme déplétive, ou comme révulsive. Si c'est une saignée déplétive qu'on a en vue, on la fera large, et on la réitérera s'il est nécessaire. Ce cas se rencontre chez les individus encore quelque peu pléthoriques, — et il y en a, — qui ne sont devenus phthisiques qu'accidentellement, nonobstant une constitution forte et en l'absence de toute prédisposition au tubercule par le fait de l'hérédité.

Il faut, au contraire, se borner à extraire quelques onces de sang à ceux qui n'en ont plus que peu à perdre. C'est le cas de la saignée révulsive. On donnera à l'intérieur, pour seconder l'action des émissions sanguines, l'extrait de ratanhia, la décoction de cachou acidulée, le nitrate de potasse ou les pilules d'Helvétius. On appliquera un large vésicatoire sur la poitrine, ou même la glace, si les moyens précédents avaient échoué. Enfin on tenterait la médication perturbatrice par les vomitifs, selon le conseil de Rufz. Cette dernière ressource nous a été précieuse dans une circonstance où nous avions en vain épuisé presque toutes les autres. — Nous sommes encore sous l'impression d'une de ces hémoptysies *foudroyantes* dont nous parlions tout à l'heure, et contre lesquelles on n'a pas le temps d'agir. Ce cas est celui d'un jeune homme pour lequel nous avons été consulté il y a peu de jours. Sous le coup d'une phthisie au premier degré, il avait éprouvé déjà plusieurs fois des crachements de sang modérés, quand, à la suite d'une course un peu fatigante, il vomit tout à coup des flots de sang et expira avant qu'on eût pu lui porter le moindre secours! — La ligature des membres peut toujours être essayée. Si cette pratique est peu certaine, elle est du moins bien inoffensive.

4° Les *douleurs pleurétiques* céderont, le plus souvent, aux applications de sangsues ou de ventouses scarifiées.

5° Les *névralgies intercostales* réclament l'emploi des vésicatoires volants. Leur effet est plus ou moins prompt, mais presque toujours assuré.

6° La *diarrhée*, dont la cause réside dans l'ulcération de la muqueuse intestinale, occupée par des tubercules, ne comporte qu'un traitement précaire, et dont l'action doit être soutenue. Il consiste dans l'administration de lavements amylacés et opiacés, des potions avec le sous-nitrate de bismuth, la thériaque, le diascordium, la tisane de riz gommée ou la décoction blanche de Sydenham.

M. Mondière a recommandé les boissons albumineuses et les lavements de même nature. Nous avons expérimenté ces moyens, et nous pouvons assurer qu'on en retirera fréquemment de bons effets.

7° *Sueurs colliquatives.* Cet accident, inséparable de la phthisie parvenue à sa dernière période, est habituellement si incoërcible, que les thérapeutistes se sont ingéniés à trouver un médicament qu'on pût lui opposer. On a mis à contribution presque tout l'arsenal pharmaceutique, et, en dernier résultat, les remèdes auxquels on accorde encore quelque propriété contre les sueurs profuses des phthisiques, se réduisent aux suivants : le sous-acétate de plomb cristallisé, à la dose de 5 à 10 centigrammes donnés en une seule fois, le soir ; l'infusion de quinquina faite à froid, et l'agaric blanc à la dose de 25 à 50 centigrammes par jour.